GOOD BUSINESS
Achim Feige

Achim Feige

GOOD BUSINESS

Das Denken der Gewinner von morgen

MURMANN

Para un futuro mejor:
*Für Hannah, Emm*a
und Silke

Dieses Buch wurde klimaneutral produziert:

Bibliografische Information der Deutschen Nationalbibliothek

Die Deutsche Nationalbibliothek verzeichnet diese Publikation in
der deutschen Nationalbibliografie; detaillierte bibliografische Daten
sind im Internet über http://dnb.d-nb.de abrufbar.

ISBN 978-3-86774-107-1

Umschlaggestaltung: Rothfos & Gabler, Hamburg
Herstellung: Presse- und Verlagsservice, Erding
Gesetzt aus der Frutiger und der Bembo
Druck und Bindung: Freiburger Graphische Betriebe, Freiburg
Printed in Germany

Besuchen Sie uns im Internet: www.murmann-verlag.de

Ihre Meinung zu diesem Buch interessiert uns!
Zuschriften bitte an **info@murmann-verlag.de**

Den Newsletter des Murmann Verlages können Sie anfordern unter
newsletter@murmann-verlag.de

Inhalt

Vorwort

Gute Geschäfte im 21. Jahrhundert

Wem es heute bei seinen wirtschaftlichen Aktivitäten unverändert ums bloße Geldverdienen geht, der hinkt den Zeichen der Zeit hinterher. Ein Denken, das sich nur um den eigenen ökonomischen Erfolg dreht und alles andere, die sozialen und ökologischen Folgen des eigenen Handelns, ausblendet, ist in einer globalen transparenten Welt nicht nur nicht mehr zeitgemäß, sondern vor allem immer weniger erfolgreich. Eine neue Generation von Kunden, Unternehmern, Managern ist bereits auf dem besten Wege, das zu begreifen, den sich abzeichnenden Paradigmenwechsel anzunehmen, einen neuen Deal mit der Welt, wie sie ist, einzugehen.

In diesem Sinne will »GOOD Business, das Denken der Gewinner von morgen« wachrütteln und Sie veranlassen, neu nachzudenken. Denn auf der Basis des bestehenden partiellen Denksystems sind weder die Chancen in unserer globalisierten Welt zu erfassen und schon gar nicht ihre Probleme zu lösen. So gesehen stellt die Krise am Ende der »Nullerjahre« nicht nur eine Finanz- und Weltwirtschaftskrise dar. Sie erweist sich auch als eine Krise unseres flachen, verkürzten Denkens, das immer nur einen Teil und nicht – wie notwendig – die gesamten, also auch die globalen Konsequenzen sieht. Konjunkturpakete und Markteingriffe können nicht darüber hinwegtäuschen, dass das herkömmliche Repertoire an Strategien, Instrumenten und Maßnahmen in Wirtschaft und Politik nicht mehr greifen. Auch die reflexhaften flexiblen Kostenreduzierungen der Unternehmen allein genügen längst nicht mehr, um langfristig unternehmerisches Wachstum zu erzeugen und Profite zu erzielen. Was also tun? Wie sehen die erfolgreichen, weil werthaltigen Geschäftsmodelle des 21. Jahrhunderts aus?

Fest steht, dass positive Zukunftsszenarien heute ein Denken erfordern, welches von der Zukunft in die Gegenwart reicht und nicht das Denken des 19./20. Jahrhunderts auf die Probleme von heute und morgen anwendet. Und genau deswegen ist zum Beispiel angesichts der mittlerweile dominanten Vernetzung unserer wirtschaftlichen Realität mit allen Lebensbereichen die reine Profitabsicht heute nicht nur zu banal, sondern langfristig gesehen sogar brandgefährlich. Gefährlich deshalb, weil gerade das isolierte, flache, ichbezogene und nichtglobalisierte Denken politischer und wirtschaftlicher Entscheidungsträger die Ursache der sogenannten Kollateralschäden wie Klimawandel, soziale Ungerechtigkeit, Armut und Hunger ist. Demnach brauchen wir also nicht mehr kurzfristig ansetzendes Lösungsdenken. Was wir brauchen ist ein neuer Denkansatz, der nicht »zerlegt«, sondern »integriert«, der wirtschaftlichen Erfolg mit persönlicher Integrität, ökologischer Sensibilität und ethischen Grundsätzen verknüpft.

Da die zunehmende Vernetzung der Welt unweigerlich auch zunehmende Integration – auch der Probleme – bedeutet, wird sich ab sofort und für die Zukunft unternehmerischer Erfolg immer stärker daran messen lassen müssen, wie die gesellschaftlichen und ökologischen Probleme, die Knappheiten und Sehnsüchte der Menschen (als eigentlicher Zweck der Wirtschaft) einer effizienten Lösung und Transformation zugeführt werden. Und da heute nicht mehr Politiker oder kritische Intellektuelle, sondern Unternehmen die einflussreichen Gestalter sind und den Hebel, der die Welt bewegt, in der Hand halten, ist es zuvorderst auch an ihnen, den Denkrahmen für ihr Handeln und ihr Sein neu abzustecken und so die Rolle der Weltveränderer, wenn nicht -verbesserer zu übernehmen.

GOOD Business steht für unternehmerische Praxis in Verantwortung und mit Gewinn; für die Überzeugung, dass dauerhafter
Erfolg in Zukunft gekoppelt sein wird an die Nachhaltigkeit der
getroffenen Entscheidungen, konkret also an die Bereitschaft der
Manager, mit ihrem Handeln die Welt zu verbessern. Und das
bedeutet, Nachhaltigkeit in allen ihren Facetten zu betrachten
und **People** (Soziales), **Planet** (Ökologisches), **Profit** (Ökono-
misches) als integriertes System zu begreifen, in dem der ökonomische Gewinn die Folge für die gelungene soziale oder ökologische Problemlösung und nicht der Selbstzweck des Unternehmens
ist. Insofern ist das GOOD Business-Konzept auch als Leitfaden,
als Inspiration für den guten Kapitalisten gedacht, der sein Unternehmen zur wertezentrierten GOOD Brand machen möchte und
wissen will wie er mit Hilfe eines integrierten Markendenkens
seine einzigartige Unternehmensmission, Werte und Spitzenleistungen an allen Kontaktpunkten seinen Mitarbeitern und seinen
Kunden werthaltig so vermitteln kann, dass nachhaltiges Vertrau-
en, Begehrlichkeit nach innen und außen entstehen und schließlich als Folge daraus ein dreifacher Gewinn: ein ökonomischer,
ein sozialer und ein ökologischer. So denken die Gewinner von
morgen. Sie werden ökonomisch erfolgreich sein, weil sie nachhaltig denken und nicht umgekehrt.

Warum Sie das Buch lesen sollten

»GOOD Business« liefert als erstes deutschsprachiges Manage-
mentbuch einen anwendbaren Ansatz für die theoretische und
praktische Erarbeitung guten unternehmerischen Handelns und
einer integralen, nachhaltig erfolgreichen GOOD Brand. Konkrete Beispiele und Tipps sollen Sie als Entscheider motivieren, die
ausgetretenen Pfade zu verlassen, um Ihr Unternehmen und Ihre
Marken fit zu machen für eine bessere, lebenswertere Zukunft.

Es war die in Politik, aber auch Wirtschaft vorherrschende blanke Ratlosigkeit gegenüber den brennenden Fragen der Menschheit, die mir den ersten Impuls dafür lieferte, ein Buch zu schreiben. Und eine ganz persönliche Mischung aus Schmerz, Ärger und Hilflosigkeit angesichts der flachen Politik- und Wirtschaftsdebatten, die uns alltäglich vorgeführt werden, gaben gewissermaßen den Anlass, gerade kein Buch über die Krise zu schreiben oder nach den Schuldigen zu suchen. Es sollte eine praktische Anleitung dafür werden, wie wir die Zeiten des Umbruchs, in denen wir uns befinden, am besten meistern können. Denn tatsächlich bahnt sich fernab aller öffentlichen, über die Medien vermittelten Diskussionen ein epochaler Wandel an, der sich schleichend, aber kontinuierlich zum Mainstream entwickelt. Es geht inzwischen nicht mehr um die Frage, ob der Wandel und die damit verbundene Transformation unseres Denkens kommt, sondern »nur« noch, welche Herausforderungen er mit sich bringt und welche Bedeutung der Sprung in eine neue Zeit für uns selbst, für unsere Unternehmen und Marken, unsere Gesellschaft und die Welt hat. Um hier zu konkreten Antworten zu kommen, führe ich zum einen das Spiral Dynamics-Wertesystem ein. Dieses Stufenmodell der persönlichen und gesellschaftlichen Entwicklung, das auf den amerikanischen Soziologen Don Beck zurückgeht, beschreibt die zu durchlaufenden unterschiedlichen Kulturebenen mit ihren je eigenen Werten, Strukturen und Technologien und zeigt, welcher Werte jetzt wichtiger werden. Der amerikanische Philosoph und Autor Ken Wilber, Vertreter der integralen Theorie, erarbeitete auf der Grundlage dieses soziokulturellen Entwicklungsmodells ein ganzheitliches Konzept, das sich gut für die praktische Umsetzung in der Unternehmens- und Markenführung eignet, weil es die innere Perspektive der subjektiven Werte mit der äußeren der objektiven Leistung und die individuelle des Gewinns mit der gesellschaftlichen Passung und Konsequenz zusammenbringt.

Wie macht man aus seinem Unternehmen eine nachhaltig erfolgreiche GOOD Brand? Dieser Fragestellung wird im zweiten Teil des Buches unter Zuhilfenahme der vorgestellten Denkmodelle nachgegangen. Vor allem die Flexibilität der Sichtweisen verhilft in unserer komplexen Welt dazu, angemessene Entscheidungen zu treffen. Entscheidungen, die getragen sind von multiperspektivisch angelegten Überlegungen, die nicht mehr nur nach »lokal« oder »global«, »sozial oder profitabel«, »umweltschonend oder gewinnbringend« usw. unterscheiden. Zentrales Element der sogenannten integrierten Unternehmensführung sind die im Unternehmen gewünschten, gelebten und durch Spitzenleistung vermittelten Werte, die sich in einer Markenpersönlichkeit als GOOD Brand manifestieren. Schon heute sind es vorwiegend GOOD Business-Unternehmen, die von Kunden und Partnern so wertgeschätzt werden, dass sie hohe Anziehungskraft besitzen, mehr Ertrag und Wachstum als ihre Wettbewerber – und damit mehr Prosperität für alle Beteiligten – erzielen.

Was Sie in dem Buch erwartet

Im ersten Kapitel möchte ich Ihnen deutlich machen, dass wir uns nicht in irgendeiner zyklischen Krise, sondern inmitten eines fundamentalen weltweiten Wandels befinden. Die Auflistung der wirtschaftlichen, gesellschaftlichen, technologischen und ökologischen Treiber soll Ihnen deutlich machen, dass wir auf dem Sprung auf ein neues, höheres Niveau sind, der es notwendig macht, unser Denken zu erweitern und in vielerlei Hinsicht zu hinterfragen, anstatt nur an überkommenen Mustern festzuhalten. Die Frage, wohin unsere Reise geht, werde ich im zweiten Kapitel mit Hilfe des Denkmodells von Don Beck zu beantworten versuchen: Wie verläuft die gesellschaftliche Veränderung? Welche Werte, Motive und Verhaltensweisen werden in Zukunft wichtig werden? Fragen, die schon heute für die Wirtschaft, die Unternehmen, von existenzieller Bedeutung sind. Im dritten Kapitel arbeite ich heraus, wie sich die nächste Stufe der gesellschaftlichen Entwicklung, das integrale Level, von der Art und Weise, wie wir heute leben, unterscheidet und wie die Gewinner von morgen denken. Weshalb es sich gerade in Anbetracht der bevorstehenden Veränderungen lohnt, »gut« zu sein und wie mit GOOD Business der dreifache Gewinn – ökonomisch, ökologisch und sozial – nachhaltig zu erzielen ist, werde ich im vierten Kapitel ausführen. Im fünften Kapitel schließlich möchte ich Ihnen ein einfaches Denk- und Handlungsraster zeigen, wie Sie Ihr Unternehmen zu einem GOOD Business-Unternehmen mit einer starken Marke entwickeln können und dies auf einer DIN A 4 Seite erfassen können. Verschiedene Beispiele aus der Praxis sollen Ihnen eine Vorstellung davon vermitteln, wie verschiedene Unternehmen bereits vorgehen. Und im sechsten Kapitel erkläre ich Ihnen unter dem Motto »What's GOOD«, wie Sie Ihr Unternehmen zur GOOD Brand weiterentwickeln können und welche Prinzipien dafür anzuwenden sind. Abschließend finden Sie einen beispielhaften Prozess, der Ihnen zeigt, wie Sie herausfinden, wo Sie im Wandel stehen, und wie Sie Ihren eigenen unternehmerischen Weg zur GOOD Brand gestalten können.

Ein neues, kreatives Denksystem der Unternehmens- und Markenführung auf Basis des Bestehenden zu entwerfen, ist ein ehrgeiziges Unterfangen. Es ist mir aber den Versuch wert, weil es Ihnen und uns Inspiration und neue Perspektiven gibt, die heutigen und künftigen Herausforderungen konstruktiv und lösungsorientiert anzugehen, anstatt zu versuchen, das alte Denken und Handeln auf Kosten der eigenen Integrität, aber auch auf Kosten der Gesellschaft und der nachfolgenden Generationen möglichst lange in die Zukunft zu retten.

1. Mitten im »Nicht mehr und noch nicht«: Wo wir heute stehen

Bei meinen Vorträgen, Workshops und Beratungsmandaten treffe ich immer häufiger Manager, Unternehmer, Politiker oder Markenmanager, die das Gefühl haben, mitten in einem fundamentalen Wandel zu stehen, ohne ihn richtig artikulieren zu können. Sie erahnen und spüren ihn, besitzen aber außer ersten Ideen für das, was kommen wird, noch nicht den geeigneten Denkrahmen und die passenden Worte. Erkennbar aber entsteht ein neues Bewusstsein, oder auch ein neues Denken, wenn Ihnen das Wort Bewusstsein zu esoterisch klingt – zumindest bei vielen zukunftsorientierten und offenen Entscheidern in der Wirtschaft. Dies sind die am häufigsten gestellten Fragen, auf die ich hier eine zunächst knappe, im Verlauf des Buches genauer ausformulierte Antwort geben will:

- *Ist ein Ende der Krise absehbar und wenn ja, was folgt danach? Welche Werte werden wichtig? Ist es nur eine Krise oder zeichnet sich ein fundamentaler Wertewandel ab?*
  Es ist ein Wertewandel, der die Art, Marken und Unternehmen zu führen, radikal ändern wird.
- *Welche Herausforderungen erwarten mich, mein Unternehmen, meine Marke?*
  Die Welt wird globaler, digitaler, kreativer, diverser, ökologischer, weiblicher, transparenter. Mit flachem Schwarz-Weiß-Denken werden wir diesen Herausforderungen kaum gerecht werden. Die Unternehmen brauchen ein komplexes Instru-

mentarium, um aus der bewussten Wahrnehmung des gesellschaftlichen Wandels heraus zu notwendiger Anpassung und
damit langfristigem Erfolg zu finden.

- *Wie nutze ich die Krise, um danach eine bessere Marktposition zu
  haben?*

  Indem Sie den Wandel, die Transformation Ihres Geschäfts-
  modells und Ihrer Marke jetzt einleiten und dabei am besten
  bei sich selbst beginnen. Haben Sie eine zukunftsorientierte
  Haltung, wissen Sie, was morgen wichtig wird und welches
  die nächste Stufe Ihres Unternehmens und Ihrer Marke ist?

- *Wie bringe ich mein Unternehmen für ein gesichertes, nachhaltiges,
  ertragreiches Wachstum auf das nächste Niveau?*

  Nicht mit einer Werbekampagne oder einem neuen Logo,
  sondern mit Hilfe einer wertorientierten Mission, die über
  bloßes Geldverdienen hinausgeht, die die Herzen der Mitarbeiter anspricht. Hier liefere ich mit der GOOD Business-Matrix eine Übersicht über den Status Ihres Unternehmens in
  Bezug auf die Werte, die Spitzenleistung am Markt, Ihrer Kultur und dem Einfluss des Marktes, der Gesellschaft und dem
  ökologischen Umfeld.

- *Ist Nachhaltigkeit nicht nur eine Modeerscheinung und etwas für
  Besserverdienende?*

  Nein, sie ist die zwangsläufige Folge der Globalisierung, in der
  alles Handeln auf uns zurückfällt und es kein Außen mehr
  gibt. Die Wirtschaft der Zukunft integriert oder internalisiert
  die soziale und ökologische Dimension unseres Handelns. Die
  Zeit der abgehobenen selbstzentrierten Wirtschaft geht zu Ende
  und es entsteht zunehmend ein Marktverhalten, das eingebettet ist in die Ökologie, das für die Gesellschaft einen Mehrwert
  schafft und dafür einen ökonomischen Gewinn bekommt.

- *Was wollen die Kunden von morgen – Kunden, die die Strategien des
  Marketings und der Werbung mit Hilfe des Internets durchschauen?*

Wie führe ich Marken dennoch erfolgreich weiter, nach dem Ende der manipulierenden Marketing-Ära?
Nicht mehr mit Illusionsmarketing oder Lifestylespots ohne konkrete Spitzenleistung. Die Kunden von morgen wollen eine echte, authentische, kreative Inszenierung von Spitzenleistungen, Werten und Erlebnissen. Das heißt, Markenführung beginnt nicht beim Werbespot, sondern bei der Geschäftsleitung und wird über die Mitarbeiter zum Kunden transportiert, der nicht mehr nur Botschaften konsumieren, sondern kreativ mitgestalten will. Die Markenführung wird also offen, ko-kreativ, vernetzt, werte- und leistungsbasiert. Das Ende des Marketing-Blablas ist eingeleitet. Marken werden immer mehr Dialogplattform zur Identitätsstiftung sein. Sie vermitteln Spitzenleistung, aber eben auch Sinn und Orientierung im Wandel, Transformation, Selbstentfaltung und Überraschung. Sie laufen nicht hinterher, sondern ziehen an. Markenführer werden immer mehr zu unternehmensübergreifenden Werte- und Kulturmanagern, zu Meistern des Wandels.

● *Wie leiste ich einen positiven Beitrag zur Welt meiner Kinder und meiner Enkelkinder? Wie bin ich erfolgreich – und schaffe dabei AUCH eine bessere Welt?*
Soziales Unternehmertum wächst und vernetzt sich zunehmend. Dahinter stehen keine Gutmenschen, sondern oft bewusste Egoisten, die wissen, dass Erfolg Kooperation mit der Gesellschaft voraussetzt. Organisationen wie ASHOKA werden begehrlich, Marken wie Wholefoods, GLS BANK oder dm Drogeriemarkt eilen von Erfolg zu Erfolg.

Dieses integrierte Verständnis von nachhaltiger Unternehmensführung findet in dem dreifachen Gewinnprinzip, der »Triple Bottom Line« People, Planet, Profit um die es in Zukunft gehen wird, ihren Ausdruck. Sie folgt der Auffassung, dass Wirtschaft dazu da

ist, die gesellschaftlichen Probleme zu lösen und dabei die Lebens-
bedingungen der zukünftigen Generationen nicht einzuschrän-
ken, bestenfalls sogar zu steigern. Dieses Denken ist keine Verzichtslogik, sondern sieht die Wirtschaft als innovativen Problemlöser. Das heißt, Innovation wird menschlich, sozial und ökologisch. Unternehmen, die das verstehen, werden die Gewinner
von morgen sein. Das Buch soll Sie dazu inspirieren und befähigen, den Wandel in diese Richtung einzuleiten.

Übung: Der ayurvedische Arzt und Erfolgsautor aus den USA,
Deepak Chopra, hat spannende Fragen zu unserer Zukunftsgestaltung formuliert, die ich für unseren Kontext leicht ab-
geändert habe. Ich möchte Sie einladen, an einem ruhigen
Zeitpunkt – am Wochenende, am Abend – einmal für 15 bis
30 Minuten innezuhalten und sich über Folgendes als Ein-
stimmung für das Buch oder auch die Idee des GOOD Business Gedanken zu machen:

- Wie stellen Sie sich die Welt vor, in der Sie die nächsten
  10 bis 30 Jahre leben wollen, und wie wünschen Sie sich die
  Welt, in der Ihre Kinder und Enkelkinder aufwachsen?
- In welcher Rolle (UnternehmerIn, MarkenmanagerIn, Va-
  ter, Mutter, Freund, Freundin) und durch welchen Beitrag
  können Sie helfen, diese Vorstellung umzusetzen?
- Wie soll das (Führungs-)Team, das Sie in Ihrer Organisation, Ihrem Unternehmen, im privaten Umfeld haben wollen, aussehen? Welche Werte sollen darin gelten und in wie
  sollen die wechselseitigen Beziehungen gestaltet sein?
- Welches gesellschaftliche Problem ist aus Ihrer Sicht das
  dringendste, das Sie (mit Ihrem Team) lösen wollen?
- Welchen ersten kleinen Schritt können Sie schon morgen
  in Richtung einer Lösung unternehmen?

Die Treiber des Wandels

Was also kommt nach der Krise? Findet ein fundamentaler Wertewandel statt oder geht es weiter wie bisher?

Man möchte mit einem entschiedenen »Jein« antworten. Zunächst einmal weckt die Krise die Sehnsucht nach Bewahrung, nach den guten alten Hausrezepten und nach vermeintlichen Sicherheiten. Sie setzt aber auch die Kräfte der Veränderungen frei oder befördert Nischentrends in den gesellschaftlichen Mainstream.

Ausgehend vom Mauerfall 1989 und unterstützt durch die Digitalisierung, hat die Globalisierung den Wohlstandsgewinnern in Mittel- und Osteuropa, Asien und Südamerika und zum Teil auch in Afrika zum Aufstieg verholfen. Mit dem Internet als Rückgrat der weltweiten Kommunikation ist unser Handeln mittlerweile so globalisiert, dass, wie der Philosoph Peter Sloterdijk es einmal beschrieb, »die Welt eine Dichte erlangt hat, in der die Tat unmittelbar zum Täter zurückkommt«. Alles ist mit allem vernetzt, alle sind »innen«. Es gibt kein Außen mehr. Im bisherigen kapitalistischen Denken wurden die ökologischen Konsequenzen des wirtschaftlichen Handelns und Moralischen Dimensionen im besten Falle theoretisch angestellt, blieben aber ohne praktische Konsequenzen. Sie waren externalisiert, wie es so schön in der Betriebswirtschaft heißt. Forciert durch die Finanzkrise und nicht zuletzt durch Negativschlagzeilen über Hungersnöte, Klimakatastrophen und Industrieunfälle wie zuletzt die Explosion der Ölbohrinsel »Deepwater Horizon« von BP sind diese Konsequenzen mittlerweile jedoch im kollektiven globalen Bewusstsein innen im System angelangt. Der Kapitalismus ändert sich paradoxerweise also selbst, indem er mit der Öffnung globaler Märkte auch ein globales Bewusstsein schafft und damit unweigerlich die sozialökologischen Folgen seines Handelns und Nichthandelns nicht mehr bemüht ignorieren kann, sondern als entscheidende Erfolgsfaktoren integrieren muss. Das heißt, alles ist innen, der Außenraum fällt weg und die wirtschaftlich Handelnden müssen sich somit die Frage stellen, wie sie die kurz- und langfristigen sozialökologischen Konsequenzen in ihre Aktivitäten integrieren, anstatt sie zu ignorieren und sich nur auf das eigene Überleben und die kurzfristige Profitsteigerung zu konzentrieren. Das bedeutet konkret: Die Globalisierung selbst schafft die Sehnsucht und die Dynamik nach viel mehr nachhaltigem Handeln. Im Detail bedeutet dies:

Bewusster Konsum

Die Kunden sind in ihrem Denken schon weiter als die Unternehmen. Einer zusammen mit dem Otto-Konzern durchgeführten Trendbüro-Studie von 2009 zufolge, ziehen heute schon 67 Prozent der deutschen Bevölkerung auch in Krisensituationen ethische und ökologische Überlegungen häufig oder gelegentlich in ihre Kaufentscheidungen mit ein, und 65 Prozent wollen das in Zukunft noch häufiger tun. Sie wollen wissen, welche Rohstoffe enthalten sind, wie der Herstellungsprozess verläuft, welche Ökobilanz das Produkt vorweisen kann und welche Unternehmens- und Führungskultur im Unternehmen vorherrscht. Indem immer mehr Kunden solche ehemals externen Kriterien in ihre Kaufentscheidung integrieren und den »Mehrwert« bezahlen, verändern sie den Kapitalismus aus sich selbst heraus, forcieren den Wandel hin zu einem guten Kapitalismus. Dieser »Conscious Capitalism« (bewusster Kapitalismus), wie er in den USA genannt wird, stiftet Sinn, weil die Produkte authentisch sind, weil sie halten, was sie versprechen, weil der Produktionsprozess transparent und nachvollziehbar ist, weil die ökologischen Konsequenzen weitestgehend deutlich gemacht werden.

Eine spannende Marke, die auch in Deutschland erfolgreich reüssiert, ist zum Beispiel »innocent«. Ihre »Smoothies« entwickelten sich schnell zum Verkaufsschlager und bescherten der Londoner innocent ltd. in kurzer Zeit die Marktführerschaft. Warum? Die Fruchtdrinks aus Obst- oder Gemüsepüree und reinen Säften folgen dem Prinzip Natur pur, werden Ressourcen schonend hergestellt und nachhaltig verpackt. Vor allem aber legt das Gründer-Trio Wert auf verantwortliches Handeln. So stammt das Obst bevorzugt von Farmen, die sowohl auf ihre Arbeiter als auch auf die Umwelt achten, und zehn Prozent des Gewinns fließen über die innocent foundation jährlich an wohltätige Organisationen im Sozial- und Umweltbereich. Das Leitmotiv »Wir wollen die Dinge etwas besser hinterlassen, als wir sie vorgefunden haben« überzeugt auch deshalb, weil über alle Bemühungen, leistungsstarke Produkte mit Nachhaltigkeit zu verbinden, transparent kommuniziert wird. Beispiele für gutes Unternehmertum wie dieses gibt es inzwischen viele. Sie beweisen, dass »bewusste« Produkte und Marken mindestens die gleiche Funktionalität wie herkömmliche vorweisen können. Sogar in der Genussbranche Speiseeis gelingt es dem sozialökologisch agierenden Eispionier Ben & Jerry's, ein Preispremium von 15 Prozent gegenüber der Premiummarke Häagen-Dasz zu realisieren. Die Marke gehört heute zum Unilever Konzern, wird aber mit ihrem Werteset autark geführt. Ein gutes Beispiel, wie innerhalb eines Konzerns auf Einzelmarkenebene unabhängig und integer agiert werden kann.

Dass das Bewusstsein für Wertewandel selbst in der konservativen Bankbranche angekommen ist, zeigt der Erfolg der ersten sozialökologischen Bank der Welt, der GLS Bank, die 2010 von Kunden und Nichtkunden zur besten Hausbank in Deutschland gewählt wurde. Deutschlands einzige Bank, die Geld mit Sinn verknüpft, die mit ökonomischem Erfolg, dem Zins, Sinnstiftung erreichen will. Ihr zufolge ist Geld für den Menschen da und nicht umgekehrt. Sie legt das Geld nur in Projekte an, die menschliche Grundbedürfnisse wie Nahrung, Gesundheit, Bildung, Energie usw. befriedigen beziehungsweise ökologisch ausgerichtet sind.

Der Bewusstseinssprung, der zumindest bei Teilen der Kunden stattgefunden hat, ist die logische Folge eines umfassenden Sattheitsgefühl, eines kollektiven Wohlstandsbauchs: Viele Menschen in den Industrienationen haben schon alles, und die Steigerungslogik hin zu immer schneller, immer höher, immer weiter bringt nicht mehr die erhoffte Befriedigung. Sie führt stattdessen zu einer neuen Sinn- und Identitätssuche oder zu einer Bewusstseinsöffnung in Richtung Verfeinerung und Kennerschaft. Nach dem Krieg sollte Essen satt machen. So haben meine Eltern immer gefragt »Und, bist Du satt?« Nachdem dieses Grundbedürfnis befriedigt wurde, hörte man an Deutschlands Tischen immer die Frage »Hat's geschmeckt?« Heute geht es vielfach um Kennerschaft. Man kennt die Herkunft jedes konsumierten Lebensmittels, lernt im Slow Food-Kurs bewusstes Genießen und im Sommelier-Seminar den kultivierten Umgang mit Wein anderen Getränken. Profunde Kenntnisse adeln den Konsumenten zum Connaisseur. Hier ist nicht der biedere Gutmensch in Erfüllung seiner Gemeinschaftsaufgaben am Werk. Ökologisch-ethisch gesinnte Menschen streben im Gegenteil danach, sich von den anderen zu unterscheiden, eine eigene Identität zu bilden. Befeuert von der Krise und gefördert von vielen Internet-Plattformen wie etwa Glocalist, Wikia Green, Ecoshopper und Utopia dringt dieses Bewusstsein langsam, aber unaufhaltsam in die bürgerliche Mitte. Das heißt, »gut« sein wird in fast allen Branchen relevant. Marken, die nicht nur Ablasshandel betreiben, sondern sozialökologische Anliegen mit ökonomischem Erfolg so miteinander verbinden, dass für den Kunden dabei nützliche Leistungen entstehen, erhalten die Chance, über die neue Art der Differenzierung Wettbewerbsvorteile zu erlangen.

Tatsächlich liegt mehr Chance denn Problem in dieser Entwicklung. Auch wenn »Bio« und Nachhaltigkeit bislang noch vorwiegend etwas für die gebildeten *und* vermögenden Käuferschichten ist, so sind sie doch auch Vorboten eines fundamentalen Wertewandels, der schrittweise in alle Schichten vordringt. Dieses neue Selbst- und Wirtschaftsverständnis, demgemäß der ökonomische Gewinn in die Gesellschaft integriert werden soll, einen sozialen Nutzen stiften und darüber hinaus die Bedürfnisbefriedigung der zukünftigen Generationen nicht gefährden soll, wird in Zukunft die Grundlage jedes langfristigen unternehmerischen Erfolgs sein.

Die Speerspitze dieses Wandels sind die sogenannten »Cultural Creatives«. Die Existenz und Rolle dieser kulturell Kreativen wurden von dem Soziologen Paul H. Ray und seiner Frau, der Psychologin Sherry Ruth Anderson, in ihrer Studie über die amerikanische Konsumgesellschaft vom Jahr 2000 ausgemacht. Die Forscher nannten die Anhänger dieser sich neu ausbreitenden Subkultur Kulturschöpfende, weil sie neue Werte, Verhaltensmuster und Sichtweisen in die Gesellschaft einbringen: Sie betrachten Menschheit, Erde und Kosmos als übergeordnetes System, das sie erhalten wollen. In ihrem Konsumverhalten verbinden sie traditionelle mit modernen Werten und verstehen es, Nachhaltigkeit und soziales Verantwortungsbewusstsein mit Selbstentwicklung, Spiritualität, aber auch mit Lifestyle und Vergnügen zu verbinden. Mit diesem integrierten, kosmopolitischen Denken und Handeln könnten sie bestehende Kulturen verändern. Ihre vor zehn Jahren auf 50 Millionen US-Bürger und etwa 80 Millionen EU-Bürger geschätzte Anzahl dürfte inzwischen erheblich gewachsen sein. Ray und Anderson bezeichneten das Phänomen der neuen Subkultur damals als das am schnellsten wachsende Marktsegment, bedauerten aber deren fehlende Vernetzung. Das Problem wurde mittlerweile durch das Internet gelöst. Dort hat die Club of Budapest International Foundation der kulturkreativen Szene eine Kommunikationsplattform eingerichtet (sie wurde übrigens vom Systemphilosophen und Mitgründer des Club of Rome, Ervin Laszlo, ins Leben gerufen): Das WorldShift Network will »das Sprungtuch schaffen, das die stürzende Menschheit auffängt«. Es dürfte nur eine Frage der Zeit sein, bis die sogenannten LOHAS ihre Kräfte mit einbringen. Denn diese bereits 1998 ebenfalls von Paul Ray entdeckten Anhänger des »Lifestyle of Health and Sustainability«, verfolgen ähnliche Ziele. Da sie gesund und umweltbewusst genießen wollen, legen sie großen Wert auf hohe Produktqualität, authentische Anbieter und transparente Herstellungsprozesse. Diese Wertekonstellation, die korrekten Konsum, Technologie-Affinität, gesunden Optimismus und selbstverliebten Hedonismus miteinander in Einklang bringt. Beide Gruppen, Kulturell-Kreative und LOHAS wachsen immens. Gemeinsam könnten sie es schaffen, der Wirtschaft ein neues, menschlicheres Verhalten aufzuzwingen. Egal wie Trendforscher sie nennen.

Transparenz: Das Ende des unwissenden Kunden

Das zunehmend tiefe Wissen um die wahren Prozesse in Unternehmen, die echten Leistungen von Marken und die zunehmende Forderung der Kunden nach Transparenz stellt einen wesentlichen Treiber des Wandels auf den Märkten dar, wobei das Internet den Zugang zu Wissen extrem erleichtert. Die Zeiten, in denen Hotels Meeresblick versprechen, aber nicht bieten, oder unwissenden Bankkunden mit dem Hinweis auf den Aushang »Zinsen und Konditionen« versteckte Gebühren aufgedrückt werden konnten, sind definitiv vorbei. Produkte und Marken, die ihre Leistungsversprechen nicht erfüllen, werden zunehmend in Schwierigkeiten geraten. Denn mit dem Bewusstsein und dem Zugang zum

Wissen der Welt hat sich das Informations- und Kommunikationsverhalten dramatisch geändert. Nahezu jeder informiert sich heute über die Produkte und Leistungen im Internet, wo er von Verbraucherschützern und, noch wichtiger, von anderen Kunden Produktbewertungen und Empfehlungen erhält. So entwickeln sich immer mehr Kunden zu Experten in eigener Sache, sind in ihren Lieblingsthemen oft mehr Fachmann als Verkäufer und Händler. Sie überprüfen nicht nur die für den Kauf entscheidenden Argumente, sondern auch die »Unique Selling Propositions«. Produkte, die ihre Leistungsversprechen nicht halten, werden schnell an den elektronischen Pranger im Netz gestellt. Die Streubreite negativer Produkt- und Service-Erfahrungen im Internet ist schon groß, viel größer aber ist die der positiven Kundenmeinungen. Die Erfahrung zeigt, dass hauptsächlich die Fans von Marken und Unternehmen die Zeit investieren, um über Ihre Erfahrung zu schreiben. Wer heute wissen will, wie gut sein Angebot bei der Kundschaft ankommt, braucht weder Akzeptanztests noch Befragungen. Ein kurzer Blick ins Internet genügt. Findet er dort eventuell Verbesserungsvorschläge oder gar harsche Kritik, sind schnelle und kundenfreundliche Reaktionen angesagt. Und wehe, das Produkt hat nicht mindestens vier von fünf Sternen oder die Preise seines Kaufkanals liegen nicht unter den Top drei – das Produkt und die Marke sind weg schnell vom Fenster. Tot wegen mangelnder Relevanz und Glaubwürdigkeit. An der Spitze dieser Bewegung steht die Plattform GoodGuide Inc., die Übersicht über die soziale, ökologische und gesundheitliche Verträglichkeit von Produkten gibt. Nachhaltigkeitsfans mit iPhone erhalten diese sogar per »App« direkt beim Shoppen. Plattformen wie etwa EcoTopTen oder Foodwatch, die das Marktangebot wesentlich übersichtlicher machen, Entscheidungshilfen anbieten oder nützliche Informationen zu bedarfsspezifischen Inhalten liefern, entwickeln sich zum Werttreiber für das unternehmerische Angebot. Sie werden auch in Zukunft dafür sorgen, dass die Markttransparenz zu- und die Anzahl unwissender Kunden abnimmt.

Neue Generationen, neue Werte, neue Marken

Da jede Generation ihre eigenen Wertvorstellungen und Welt-sichten ausbildet, bedeutet ein Generationenwechsel immer auch einen Wandel des vorherrschenden Bewusstseins. In Deutschland befinden wir uns momentan im Übergang von den sogenannten »Babyboomern« über die »Generation Golf« zu den »Millennials«. Die geburtenstarke Nachkriegsgeneration, die heute über 65 Jahre alten »Achtundsechziger«, hat bereits der Zwischengeneration Golf Platz gemacht. Die nach der Massenmarke Golf benannten Nachfolger erfuhren ihre gesellschaftliche Prägung in den 1980er bis Anfang der 1990er Jahre. Sie integrieren zum einen den Hedo-nismus der Babyboomer und kämpfen zum anderen, weil sie keine Generationenkonflikte hinter sich haben, eher mit sich selbst als mit ihren Eltern. Sie sind die narzisstische Erfolgsgeneration. Der wirkliche Schub hin zu einer digitalisierten und globalisierten Generation findet gerade jetzt statt durch die sogenannten Digital Natives, auch Millennials genannt. Die ab den 1980er Jahren Ge-borenen, heute also unter 30-Jährigen, die die DDR und den Warschauer Pakt nur noch vom Hörensagen kennen, sind mit In-ternet und Handy aufgewachsen, haben mit ihren Eltern die Welt bereist und denken globalisiert. Sie pflegen »Freundschaften« wie alle anderen Generationen vor ihnen, nutzen dafür jedoch tech-nologische Tools, »Sozialtechniken« von Kindergarten-VZ über Schüler-VZ (5,6 Millionen Nutzer)und Studi-VZ (5 Millionen) zu Facebook (12 Millionen in Deutschland). Facebook hat nach eigenen Angaben weltweit mehr als 400 Millionen aktive Benut-zer, von denen sich jeder zweite täglich einloggt: Wäre der Dienst ein Staat, schreibt die Zeitschrift *c't*, so wäre er noch vor den USA der drittbevölkerungsreichste der Welt.

Aufgrund ihrer mentalen Globalisierung werden die »Jahrtausender« ein anderes Verständnis von Eigentum und Lebensglück haben und daher die bestehende Gesellschaft in den nächsten 10 bis 20 Jahren neu gestalten. Sie haben das ethnozentrische Bewusstsein nach dem Motto »Deutschland über alles« oder »America will safe the world« hinter sich gelassen, glauben nicht mehr an absolute Wahrheiten, sondern surfen mit Hilfe von Google, Facebook, neuerdings mit Hilfe von Foursquare und anderen Informations- und Inspirationsquellen auf den Widersprüchlichkeiten einer Welt ohne feste Wahrheiten, von denen sie sich wie aus einem Werte- und Konsum-Honigtopf das herauspicken, was zu ihrer Entwicklung und zu ihrer ganz anders geprägten Auffassung über ein glückliches Leben passt. Sie sind eine Art Selbstentwickler mit einer Bastelbiografie. Die Entwurzelung, existenzialistische Leere, die sie dadurch empfinden, kompensieren sie mit Selbstdarstellung über Markenprodukte oder eben Nicht-Markenprodukte und mit zunehmendem Alter über das oberflächliche »Outen« ihres Inneren, was manche Soziologen veranlasst, von der »Generation Porno« zu sprechen. Dabei wissen sie, dass sie etwas unternehmen und tun müssen, um ihren Platz in der Welt zu finden. Gerade die Entwurzelung und innere Leere führt zu einer Sehnsucht nach echten, authentischen Erfahrungen. Ob diese online oder in der sogenannten realen Welt stattfinden, ist zweitrangig. Diese Unterscheidung gilt für sie nicht, denn die Online-Welt war bereits vor ihnen da und schon immer ihre natürliche Welt. Bis 2020 beziehungsweise 2030 werden die Millenials sukzessive die Unternehmen erobern und Führungspositionen erreichen. Vor allem aber werden sie die entscheidenden Konsumenten sein, die der Wirtschaft wie auch der Politik ihre globale Weltsicht aufzwingen. Diese Generation versteht es wie

keine andere, ihren Beruf mit ihrer Selbstverwirklichung zu vereinen. Bemerkenswert dabei ist, dass die Gründer der in fast allen
Bereichen auftauchenden Start-ups immer erfolgreicher, verant-
wortungsbewusster – und jünger – werden. Die Jüngsten kommen aus der Internet-Szene, wie etwa der Niederländer Ben
Woldring, der mit 13 Jahren seine erste Website startete und mit
21 drei Preisvergleichsseiten unterhielt. Schon 2006 gehörte er zu
den Besten im *BusinessWeek*-Wettbewerb um »Europe's Young
Entrepreneurs«. In diese Bestenliste hat es auch der Deutsche Joav
Ben Jaakow mit seiner Wasser sparenden Bewässerungstechnik
geschafft. Er startete seine Firma mit 15 Jahren gemeinsam mit
seinen Eltern. Etwas älter, aber ebenfalls ein gutes Beispiel für
die gelungene Kombination aus sozialem Weltbewusstsein und
wirtschaftlichem Erfolg ist Carlos Moncayo, der Gewinner von
»Asia's Best Young Entrepreneurs 2009« (ebenfalls von *Business-
Week ausgelobt*). Er wuchs in Ecuador auf, besuchte die Anwalts-
schule in den USA, studierte Mandarin in China und gründete
dann ASIAM, ein Unternehmen, das kleinen und mittelständi-
schen Unternehmen aus Lateinamerika Produktionsmöglichkei-
ten in China eröffnet. Diese globalisierte Generation wird dem
Wandel in den nächsten 20 Jahren neuen Schub geben – weil es sie
gibt und weil sie sind, was sie sind: »Produkte« ihrer Generation.
Sie zwingen Marken und Unternehmen dazu, umzudenken.

Dieses Umdenken wird nicht zuletzt zu der Einsicht führen,
dass die entscheidenden Herausforderungen der Menschheit – der
Klimawandel, die Knappheit der Rohstoffe, der Wassermangel in
vielen Regionen der Erde, die Armut oder die mangelnde Anbin-
dung der Menschen an das weltweite Wirtschaftssystem – eben
nicht durch die Politik oder durch reine Spendenaktivitäten zu
beheben sind. Was gebraucht wird, ist entschiedenes unternehmerisches Handeln. Eine neue soziale Unternehmerschaft wird
die gesellschaftlichen und ökologischen Knappheiten als Wachs-

tumschance für ihre Unternehmen begreifen, so wie ihre Ikone Muhammad Yunus es bereits vorgeführt hat. Der Nobelpreisträger, der mit der Gründung seiner Grameen-Bank den Mikrokredit schuf und ein weltweit übernommenes Programm zur Armutsbekämpfung entwickelte, wurde zum Vorreiter und Vorbild für verantwortungsbewusstes Banking. Auch wenn er und seine Nachahmer sehr hohe Zinsen nehmen, hilft das Geld den Menschen, eine eigene Existenz aufzubauen. Soziale Unternehmer wie er verändern die Gesellschaft grundlegend. Sie werden gestärkt durch spezielle Netzwerke wie etwa ASHOKA. Die führende Internetplattform für den sozialen Wandel verfolgt das Ziel, einen wettbewerbsorientierten und effizienten sozialen Sektor und damit ein Umfeld zu schaffen, »in dem jeder Bürger professionell, effektiv und kreativ Ideen entwickeln und umsetzen kann, die das Leben der Mitmenschen verbessern«. Um die »transformative Kraft« des sozialen Wandels erlebbar zu machen, unterstützt ASHOKA soziale Unternehmer, bringt Gruppen gezielt zusammen und vernetzt die aus globalen Online-Wettbewerben entstehenden Ideen über changemakers.com. Zum Ende des Informationszeitalters wird die nächste Stufe der globalen Wertschöpfung darin liegen, Antworten auf die sozialökologischen Herausforderungen zu finden.

Das Internet als Rückgrat der Globalisierung

Das »globale Dorf«, das Marshall McLuhan 1962 schon vor dem Launch des ersten Personal Computers voraussah, hat die Welt in kürzester Zeit flach und transparent gemacht. Es verbindet jeden einzelnen mit der Welt und macht ihn zum Sender-Empfänger. Das Internet sorgte dafür, dass nationale Ökonomien mit der Weltwirtschaft zusammenwuchsen und bildete die Basis für die Netzwerke zum Übertragen der Daten, welche die globalen

Wertschöpfungsketten sichtbar und steuerbar machen. Ganze Produktionsprozesse wurden digitalisiert – nicht nur in der Medienlandschaft, sondern auch in vielen anderen Branchen. Um die international vernetzten Aktivitäten im Griff zu behalten, reisen heute täglich Heerscharen von Managern durch die Welt und tragen mehr oder weniger bewusst zur Völkerverständigung bei. Zudem wurden unter dem Stichwort »Mass Customization« nach individuellen Kundenwünschen hergestellte Massenwaren über das Internet produktionstauglich. »Open Innovation« steht stellvertretend für das Einbeziehen von Kunden, die den Trend bestimmen, in den Produktentwicklungs- und Designprozess. Zu diesen Mehrwert generierenden Aktivitätsfeldern bildet das »Crowdsourcing« – das Auslagern unternehmerischer Aufgaben an freiwillige Internet-Arbeitskräfte zur Nutzung der »Schwarmintelligenz« – das massentaugliche Gegenstück des Outsourcings. Vorreiter der Mass Customization war die japanische Marke Muji des Warenhauses Seiyu. Ursprünglich als »Mujirushi Ryohin« eingeführt, was No-brand-Qualitätsprodukt bedeutet, wurde die Marke schon wegen des innovativen Produktionsprozesses berühmt, in den die Kunden in die Entwicklung des Wunschprodukts einbezogen wurden. Im Sportschuh- und Bekleidungsmarkt fanden adidas, Levi's, Nike oder Lands' End Gefallen an der kreativen Kooperation, sie wurde aber auch in anderen Märkten wie etwa bei Medizinprodukten und Kreditkarten. Heute steht fest, dass Unternehmen, die aktiv auf den Bedarf ihrer Zielgruppen eingehen, nicht nur die besseren Produkte kreieren. Sie binden ihre Kunden auch stärker ans Unternehmen und werden – schnelle und freundliche Reaktionen vorausgesetzt – zudem als verlässliche, verantwortungsvolle und integre Anbieter wahrgenommen. Dies gilt vor allem dann, wenn eingeschworene Produkt- und Markenfans in Blogs und Internet-Foren ihre Meinung kundtun. Wenn sie gehört werden, erzeugen sie ungeahnte Werbewirkung. Aber auch ganz traditionelle Kunden schätzen es, wenn gut gemeinte Ratschläge bei Unternehmern und Managern positiv aufgenommen werden. Auf diese Weise entstehen durch das Internet immer mehr Produkte in kreativer Gemeinsamkeit, die höchst individuell, weniger komplex und daher selbsterklärend sind. Dieser kollaborative Konsum wird jede Branche und jede Marke beeinflussen und sie zur Öffnung zwingen. Dabei kreiert er neue Marktnischen, die Nische der »Losgröße 1« – auch für Massenhersteller.

Eine ganz andere Seite des kollaborativen Konsums erwuchs aus der steigenden Anzahl von Auktionsplattformen wie eBay, aus Internetangeboten für Car Sharing oder für die Suche nach Mitfahrgelegenheiten: der gemeinschaftliche Konsum. Er definiert keineswegs die Wahl der Produkte neu, verlängert aber ihren Lebenszyklus und verändert damit die Art des Konsumierens. Die neuen Tausch-, Leih- und Mietgeschäfte wie auch das Teilen und Schenken erfolgen heute zunehmend über Kunden-für-Kunden-Gemeinschaften (Peer-to-Peer Communities). Die Bewegung, deren Anhänger sich auf dem Online-Hub CollaborativeConsumption.com tummeln, wächst explosiv. Der große Wandel im Konsum, so prognostizieren Rachel Botsman und Roo Rogers in ihrem Buch *What's Mine is Yours*, werde dem Konsum der Überflussgesellschaft – und damit den Käufen auf Kredit, nach der Werbung oder dem Besitzstandsdenken – Grenzen setzen. Denn der kollaborative Konsum des 21. Jahrhunderts wird über den guten Ruf, die Community und den Zugang zum Internet bestimmt und besitzt sein eigenes, weltveränderndes Potenzial.

Aufgrund der rasant wachsenden Zahl von Menschen, die im Internet »zu Hause« sind, der Erfindung immer raffinierterer sozialer Netzwerkzeuge und der Schnelligkeit, mit der sich Informationen im World Wide Web verbreiten, entsteht ein umfassendes Weltbewusstsein, das sich in Zukunft verstärken wird. Aus ihm ergeben sich nicht nur Innovationen, sondern auch neue Anreize zum integrierten Denken und Handeln. So tauchen neben den bekannten Vernetzungsmedien wie Myspace, Facebook oder LinkedIn auch immer mehr Wohltätigkeitsportale auf, die Hilfesuchende mit Spendern, Gönnern und Stiftungen zusammenbringen und dem Selbstverwirklichungswillen der Menschen Ausdruck verleihen, und nicht nur – wie auf den meisten Seiten heute – ihrem Selbstdarstellungswillen. Spendenwillige können beispielsweise auf den Plattformen HelpDirect, betterplace.org oder GlobalGiving aus einer großen Anzahl von Hilfsprojekten auswählen. Diese und ähnliche Portale wenden sich nicht nur an hilfsbereite Einzelpersonen, sondern bieten gleichzeitig eine Plattform für die Wohltätigkeitsaktivitäten der Global Player. Wie schnell sich Internet Communities bilden, und welche Durchschlagskraft ihre Aktivitäten besitzen, zeigte Mitte 2010 das Kampagnen-Netzwerk Avaaz.org mit seinem Aufruf für den Schutz der Wale. Die Petition mit gigantischen 1,2 Millionen Unterschriften ging direkt an wichtige Delegierte der Internationalen Walfangkommission – und entwickelte sich zur Spitzenmeldung in den BBC-Weltnachrichten. Der Erfolg für die Wale erweist sich zugleich als Erfolg für Bürgerbewegungen, die ihre Ansichten und Wertvorstellungen im Internet vertreten. Das weltweit 5,5 Millionen Menschen umfassende Avaaz-Netzwerk beweist, dass die virtuelle Basisdemokratie nicht nur immer besser funktioniert. Dieser kognitive Überschuss, wie Internet-Guru Clay Shirky die phänomenale Kombination aus guten Ideen, fleißigem Recherchieren, Mitarbeiten und Vernetzen und deren gebündelte Nutzung für ein spezielles Thema nennt, lässt sich auch für soziale und ökologische Zwecke nutzen.

Auch Hilfsprojekte im humanitären Bereich werden zunehmend über das Internet eingeleitet und gefördert. So ermöglicht es zum Beispiel die führende Open Innovations-Plattform Inno-

Centive gemeinsam mit GlobalGiving und der Rockefeller-Stiftung ihren Partnerorganisationen, neue technische Lösungen vor allem im Bereich Wasser und Wasserkraft auf lokaler Ebene zu finden. Darüber hinaus zeigt das Internet auch seine Stärke beim Zusammenwachsen bislang getrennter Forschungsbereiche, etwa in Form der Bionik, der Gen- und Nanotechnologie. Vernetzte Forschung führt unter anderem zu medizinischen und ernährungstechnischen Produktneuheiten, die beitragen können, die Zukunftsprobleme der Welt zu lösen. Neben immer mehr Angeboten, die dazu dienen, soziale Ungerechtigkeiten auszugleichen und das ökologische Desaster abzuwenden, wird aber auch dem Wandel in den Industriegesellschaften Rechnung getragen: Dienstleistungen für eine älter werdende Gesellschaft sowie Produkte und Services, die helfen, Energie und Wasser zu sparen oder die Gesundheit zu unterstützen, sind im Trend. In all diesen Aktivitätsfeldern liegen die nächsten Wertschöpfungspotenziale für kreative Unternehmer, die sich heute in Netzwerken wie ASHOKA und auf Plattformen vergleichbarer Non-Profit-Organisationen verbinden. Ein soziales innovatives Unternehmertum setzt sich zum Ziel, die Lebensqualität aller zu verbessern und aktiv den sozialen Wandel voranzutreiben. Man könnte sagen, Innovation wird menschlich.

Konsequenzen für Unternehmen

Unternehmen, die weiterhin nur am Profit orientiert sind und mit ihrem Handeln keinen Sinn stiften wollen und können, werden auch nicht die bewussten, hochgebildeten und hochmotivierten Mitarbeiter für sich gewinnen, die sie brauchen, um auf den Märkten der Welt erfolgreich zu sein. Die Unternehmen der Zukunft benötigen integrierte Wertegerüste, die sie über ihre Marken zuerst an Ihre Mitarbeiter und dann nach außen an ihre

Kunden vermitteln. Sie werden ihre Werthaltungen und Spitzenleistungen nur dann glaubwürdig nach innen und außen übertragen können, wenn sie sich attraktiv und differenzierend gegenüber den Wettbewerbern positionieren und die werthaltigen
Markenversprechen mit Spitzenleistungen einlösen: als gute Unternehmen verdichtet und vermittelt durch gute Marken.

Dies setzt ein neues Bewusstsein, einen neuen Denkrahmen
für unser Weltverständnis voraus. Integrierte Unternehmensführung, die Marken als Werte- und Leistungsspeicher begreift, hilft
den unternehmerischen Wandel zu gestalten und unterstützt damit die im marktwirtschaftlichen Prinzip angelegte Möglichkeit
zur Selbstverwandlung hin zum »Conscious Capitalism«, zum
guten Kapitalismus. Dies geschieht nicht nur aus moralischen Be-
weggründen, sondern weil Unternehmer und Markenverantwortliche aufgrund des Wandels langfristig nur als »guter Egoist« erfolgreich sein werden.

Neues Denken, neuer Deal

Ein höheres Bewusstseinslevel als Voraussetzung für langfristigen
Erfolg erreichen zu wollen, bedeutet, die vereinfachende, partiale
Denkbox zu sprengen, die sich im Wesentlichen auf Experten-
meinungen und Einzelwissenschaften wie Volkswirtschaftslehre
(Wirtschaftsweise und VWL-Stars) oder Betriebswirtschaftslehre
(amerikanische Professoren) stützt, auf Fachleute also mit einem
immer spezielleren Wissen über immer speziellere Bereiche. Ein
Expertentum, das hochdifferenziertes Wissen zu Lasten einer Ge-
samtsicht einsetzt, löst Krisen, nur um ungewollt an anderer Stelle neue damit zu produzieren.

Auch die Politik ist in ihren unterkomplexen Analyse- und
Handlungsmustern festgefahren. Zu sehen an den bisherigen

Werkzeugen (Steuern rauf, Steuern runter; mehr Staat, weniger Staat, mehr Solidarität von den Reichen, Ausländer rein, Ausländer raus usw.), die viel zu einfach, zugleich in viel zu dicke, nicht mehr durchschaubare Regelungskataloge gepackt sind und viel zu kurz greifen. Wir sind mit Problemen von globaler Dimension konfrontiert, deren Lösung umfassendes Denken erforderlich macht. Handlungsstrategien, die unverändert an der aktuellen Wahlsituation und Stimmungslage des Volkes orientiert sind und im zweiten Schritt außenpolitische oder globale Entscheidungen hinterher zu schieben versuchen, sind hoffnungslos überholt. Was wir brauchen, ist ein universelles, globales und die vielen Einzelmeinungen und Expertisen integrierendes neues Denksystem, mehr Komplexität in unserem Denken statt weniger.

Aus dieser neuen Komplexität werden wir neue Sinnzusammenhänge erkennen und daraus neue Lösungen und neue gesellschaftliche Vereinbarungen treffen, wie wir – jeder Einzelne für sich, jeder Bürger für die Gesellschaft, der Staat für die Bürger und die Staatengemeinschaft für die Welt – nachhaltig überlebensfähig sein können. Um im 21. Jahrhundert noch eine relevante Rolle spielen zu können, braucht also jeder seinen eigenen »neuen Deal« mit sich, seinem Unternehmen und der Welt, in der er lebt.

Dieser neue Deal, das neue integrierende Denken, ist in dem, was hier als GOOD Business vorgestellt wird, verkörpert. Es stellt einen universellen, globalen Handlungsrahmen für Unternehmen und Marken dar, die sich langfristig erfolgreich entwickeln wollen und dabei sogar noch in eine neue Dimension vorstoßen können. Durch die bewusste Übernahme sozialer und ökologischer Verantwortung, die sich in echten Innovationen, geglückten Markendehnungen, aber auch in neuen Geschäftsmodellen ausdrückt, können Unternehmen nicht nur Wettbewerber überflügeln, sondern auch die besten Mitarbeiter anziehen, dauerhaft motivieren und an sich binden. Schon heute gibt es viele Unternehmen und Marken, die diesen Weg gehen. Als »guter Kapitalist« seinen Beitrag für eine bessere Gesellschaft zu leisten, mit seinem Unternehmen und seiner Marke Sinn und Nutzen zu stiften, dabei die Lebensgrundlagen sozial und ökologisch zu gestalten und die Entwicklungschancen zukünftiger Generationen zu bewahren und weiterzuentwickeln, ist mehr als ein ehrbares Anliegen. Es ist ein Managementansatz für eine bessere Zukunft. Steigen Sie ein.

2. Wohin die Reise geht: Der gesellschaftliche Wandel der nächsten Jahre

Die Transformation, die wir wie beschrieben in vielen Bereichen erleben, stellt unser Urteilsvermögen auf die Probe, verlangt neue Fähigkeiten und ein Mehr an Kompetenzen. Wir lernen gerade, immer komplexere Situationen zu bewältigen, uns eine höhere Verhaltensvariabilität anzueignen wie auch eine neue Sicht auf das relevante Umfeld, die sich über den egozentrischen Blickwinkel des Ichs oder den ethnozentrischen der Nation hinaus weitet zur Perspektive der globalen Verantwortung. Der sich entwickelnde Mensch stellt eine Art »Wellenreiter des bewussten Seins« dar, der den Wandel und seine Bedingungen rechtzeitig erkennt. Die Fähigkeit, schon vor der Krise Wandel zu erzeugen, ist zugleich eine der wesentlichen, aber immer noch seltenen Führungseigenschaften visionärer Vordenker auf dem politischen, sozialen und unternehmerischen Parkett. Sie reden den Wandel nicht nur herbei, sondern gestalten ihn proaktiv. Während die einen sich prinzipiell gegen alles Neue und jede Veränderung stemmen, bereiten sie sich schneller und besser auf die Zukunft vor. Da Wandel sich nicht vermeiden lässt, werden getreu der Volksweisheit »Den Glücklichen führt das Schicksal, den Unglücklichen zieht es«, diejenigen ihr Überleben am besten sichern können, die sich rechtzeitig an veränderte Situationen anpassen und sie weitsichtig gestalten. Leider ist in unserer Stabilitäts- und Gleichheitsgesellschaft unser Wissen über Wandel recht gering ausgeprägt, aber in Zeiten des Paradigmenwechsels dennoch notwendig für Entscheider. Deswegen möchte ich, bevor ich auf den konkreten Wertewandel eingehe, einige grundlegende Erkenntnisse darüber, wie Wandel funktioniert und warum Resignation der entscheidende Schlüssel ist, in aller Kürze darlegen, um Ihnen am Ende die Möglichkeit zu geben, sich selbst einordnen zu können und den Wandel ihres Unternehmens und Ihrer Marke gestalten zu können. Wer weiß, wie Wandel und Transformation funktioniert und gelingt, kann das folgende Kapitel gerne überspringen.

Wie Wandel funktioniert

Um echte Transformation (lat. Umwandlung, Umgestaltung) und damit ein höheres Bewusstsein und mehr Fähigkeiten zu erreichen, ist es erforderlich, einen tiefgreifenden, oftmals auch quälenden Wandlungsprozess zu durchschreiten. Allein mit positivem Denken und ohne inneren Wandel wird sich wirkliche Veränderung nicht einstellen. Wie dieser Prozess verläuft und was man dabei beachten muss, möchte ich erläutern anhand des von mir leicht abgewandelten Acht-Phasen-Modells der Veränderung von John P. Kotter, Harvard Professor und Changemanagement-Experte. Hierbei wird sich zeigen, dass Krisen tatsächlich »Chancen in Arbeitskleidung« sind. Zu Sprungbrettern für eine Weiterentwicklung werden sie allerdings nur, wenn man sie als solche nutzt, ihnen aktiv begegnet und sich auf die Phasen des Wandels einlässt:

Störung

Auslöser eines Wandels sind meist spontane Veränderungen des Umfelds, Krisen, Schocks oder eine latente Erodierung der eigenen Erfolgsposition. Wenn – wie etwa bei der weltweiten Finanzkrise – bisherige Systeme, Methoden und Maßnahmen nicht mehr greifen, stellt sich Ratlosigkeit und Verunsicherung, ja sogar kurz-fristige Verkaufspanik ein, wenn es etwa um stark vernetzte Themen wie Aktienbörsen handelt. Zu Wandlungsdruck kann es kommen, wenn Unternehmen mit schleichend sinkenden Umsät-zen konfrontiert sind und sich nur noch über Rabattschlach-ten behaupten können oder wenn Marken der Out Brand-Status droht, weil keiner sie mehr nachfragen will, obwohl jeder sie kennt. Ein Anzeichen schleichenden Wandels kann es sein, wenn zum Beispiel kleine und mittelständische Unternehmer sich darü-ber Gedanken machen müssen, wie sie in einem globalisierten Umfeld erfolgreich sein können. Oder wenn Markenmanager überlegen, wie ihre Angebote mit Digitalisierung und Social Networks verknüpfbar sind, ohne die Kontrolle über ihre Marken zu verlieren.

Verneinen

Sobald also durch eine äußere Störung ein bestehender Zustand labil wird, kommt es zu Verunsicherung. Eine verbreite Reaktion ist, durch Verneinen Stabilität vorzutäuschen. Dadurch bleiben die Menschen augenscheinlich stabil, sind aber, was ihre Wider-standskraft angeht, nur vordergründig resilient. Sie reagieren auf der Symptomebene, nach alten Verhaltensmustern:»Konzentrie-ren wir uns auf das Wesentliche« oder »Wir müssen aggressiver verkaufen« oder »Der nächste Aufschwung kommt bestimmt« oder »Das stimmt nicht«. Solche Reaktionen zeigen fehlende Problemanerkennungs- und Problemlösungsbereitschaft an. Diese Durchhaltementalität leugnet die fundamentalen Veränderungen des Umfelds, um den inneren Widerstand gegen notwendige Ver-änderungen zu legitimieren.

Rationales Realisieren

Nach diesem ersten Widerstand folgt meist eine kurze Phase der Einsicht, die erlaubt, rationaler zu argumentieren: Wir brauchen neue Produkte, wir müssen uns wandeln, wir müssen uns anders darstellen usw. Oft jedoch wird diese rationale Einsicht mit lediglich oberflächlichen Beschwichtigungsformeln beruhigt. Man weiß, dass es nicht mehr so weitergehen kann wie bisher, akzeptiert es aber noch nicht als unumstößliche Tatsache. Die Folge ist, dass die Situation sich weiter verschlimmert. Der emotionale Frust gegen die angestaute Energie des Misserfolgs steigt weiter, denn Kompetenz, Produktivität, Erfolg und Selbstvertrauen sinken auch in dieser Phase – bis der Zeitpunkt der Aufgabe, des Resignierens erreicht ist.

Re-Signation

Mit der Resignation setzt ein nagendes Gefühl des Mangels, des Missbehagens und der Unzufriedenheit ein, der neue Denkprozesse anstößt. Im Versuch, die Probleme zu lösen, schwanken wir zwischen Optimismus und Pessimismus. Wir erkennen, dass wir, um geschäftlich oder privat weiterzukommen, einen neuen Vertrag mit uns selbst unterschreiben müssen – was re-signare (lat.) im eigentlichen Wortsinn bedeutet. Mit diesem »New Deal«, wie die Engländer so schön sagen, ist der Knoten gelöst und die Transformation beginnt. Resignation bedeutet Einsicht auf rationaler und emotionaler Ebene, das heißt den notwendigen Anpassungsprozess nicht nur als Muss zu begreifen, sondern auch als Wollen zu erfahren. In diesem Moment ist der tiefste Punkt des »Tals der Tränen« erreicht, und der Blick öffnet sich für vielfältige neue Möglichkeiten, die in die Zukunft weisen. Mit dem ersten Schritt auf dem neuen Weg beginnt man, an seiner Weltanschauung zu arbeiten, sich anzupassen, und als positiver emotionaler Begleit-effekt endet damit zugleich der Stress. Für Führungskräfte bedeutet dies, einerseits Wandlungsdruck aufzubauen und andererseits andere zu befähigen, die ersten Phasen des Wandels zügig zu durchlaufen und sie bei diesem Wandel emotional zu begleiten.

Versuch und Irrtum

Erst nach der Resignation entsteht wieder eine positive Sicht auf die Welt. Man fasst den Mut, Neues zu wagen, endlich »out of the box« zu denken und zu handeln. Neue Geschäftsmodelle werden entwickelt, ungedachte Märkte erfunden und manchmal auch heilige Kühe geschlachtet. In dieser Phase geht es darum, systematisch neue Lösungswege zu suchen, um aus dem Tal der Tränen herauszukommen. So würde man in der Unternehmensführung Anstrengungen unternehmen, von erfolgreichen, zukunftsorientierten Firmen außerhalb der Branche zu lernen, oder in der Markenführung Pilotprojekte starten, um zu testen, wie man Marken ohne TV-Werbung führen kann. Diese Trial-and-Error-Phase ist geprägt von Hoffnung und Angst, von Euphorie über neue Ideen und erster Ernüchterung, weil manches nicht wie geplant funktioniert. Nur dadurch ist es möglich, auf die nächsthöhere Ebene zu kommen – ein Anpassungsprozess, der wiederholt durchlaufen werden muss. In dieser Anpassungsphase will man herausfinden, was auf dem neuen Level anders ist, um sich dorthin entwickeln zu können, und identifiziert sich schließlich mit den komplexeren Gegebenheiten auf höherem Niveau.

Im Sprung auf die nächste Ebene

Nach der offensiv experimentellen Phase ist man wieder in der Lage zu funktionieren und die Produktivität zu steigern. Man fühlt sich gestärkt, besitzt neue Kompetenzen und ein höheres Bewusstsein vom Bessersein. Man distanziert sich von alten Vorstellungen, Fähigkeiten, Kollegen und macht sich auf, die neuen Kompetenzen, das neue Denken und das neue Bewusstsein als sein eigenes anzusehen. Das alte Denken hilft jetzt nicht mehr, aber das neue ist noch nicht vollständig entwickelt. Dies ist die Zwischenphase des »Nicht mehr, aber noch nicht«, in der wir uns – unsere Wirtschaft, unsere Gesellschaft – heute bewegen. Sie ist vergleichbar mit Genesungsprozessen, in denen die überstandenen Krankheiten zu Stärkung führen, einem resistenteren Immunsystem und vielleicht sogar einer anderen Weltsicht. Krankheit als Chance zu sehen und sie nicht oberflächlich mit Tabletten zu bekämpfen oder ignorierend wegzustecken, kann als Motto auf jeden Wandlungsprozess übertragen werden.

Integrierte Sichtweise

Sobald man in der Lage ist, das niedrigere Niveau mit den dort erworbenen Fähigkeiten aus höherer Perspektive zu betrachten und auf das nächste Level zu übertragen, ist man selbst dort angekommen. Das heißt, wir haben zum Beispiel als Unternehmen ein neues Geschäftsmodell entwickelt, als Weltgemeinschaft ein neues weltweites Finanzsystem etabliert oder die Markenführung ins digitale Zeitalter transformiert. Wir haben eine neue Ebene, eine neue Sichtweise etabliert, mit der wir uns identifizieren, wobei wir unsere Herkunft, die Stufe darunter, nicht leugnen. Wir haben sie in uns integriert. Dies ist der wesentliche Punkt für erfolgreichen Wandel. Wir betrachten das Neue nicht als Allheilmittel

Die acht emotionalen Phasen des Wandels:
Wandel kommt von innen und tut weh.

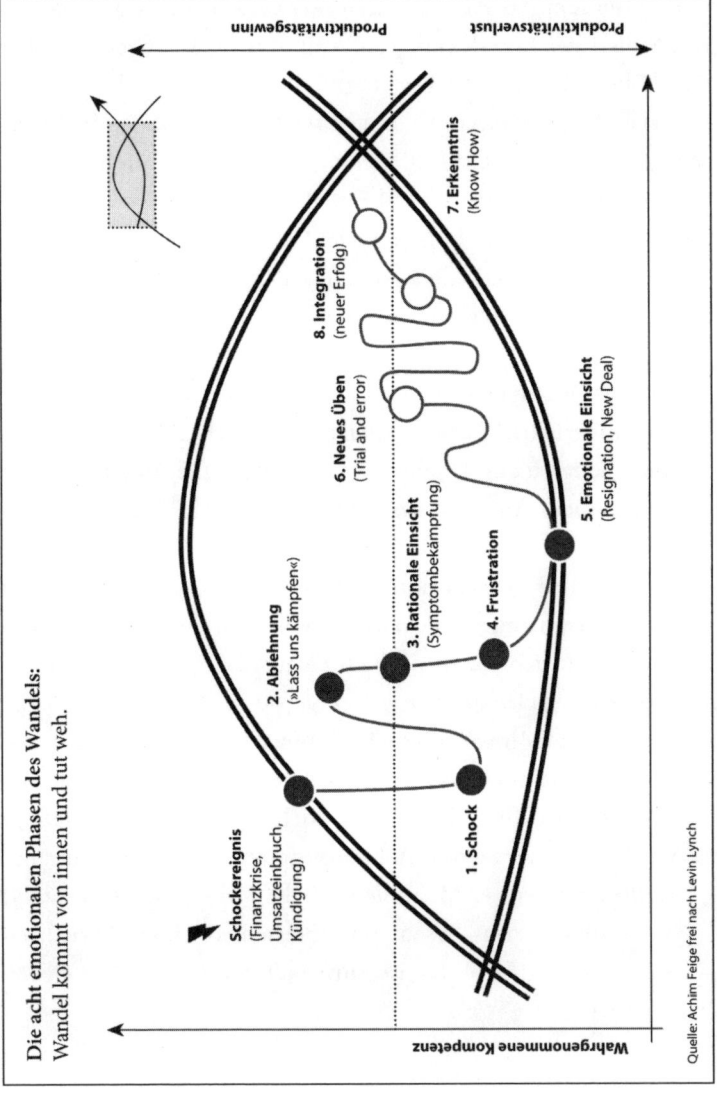

Schockereignis
(Finanzkrise,
Umsatzeinbruch,
Kündigung)

Wahrgenommene Kompetenz

Produktivitätsverlust

Produktivitätsgewinn

1. Schock

2. Ablehnung
(»Lass uns kämpfen«)

3. Rationale Einsicht
(Symptombekämpfung)

4. Frustration

5. Emotionale Einsicht
(Resignation, New Deal)

6. Neues Üben
(Trial and error)

7. Erkenntnis
(Know How)

8. Integration
(neuer Erfolg)

Quelle: Achim Feige frei nach Levin Lynch

und verteufeln das Alte, sondern integrieren die zurückgelasse-
nen Stufen der Entwicklung souverän. Damit verfügen wir über
eine höhere Komplexitätsbewältigungskompetenz, einen größeren
Schatz an Lösungsvarianten und entwickeln ein höheres Bewusstsein für das globale Umfeld. Gelungene Transformation bedeutet
also, sich neue Sichtweisen und Fähigkeiten im umfassenden Sinne
anzueignen, ohne das bisherige Denken abzuspalten beziehungsweise auszugrenzen. Damit sind die acht zu durchlaufenden Phasen des Wandels erfolgreich abgeschlossen.

Übung: Wo stehen Sie in Bezug auf Ihre persönlichen oder unternehmerischen Zielsetzungen in diesen acht Phasen? Schwim-
men Sie noch auf der alten Welle (obere Linie) und haben mit
immer mehr Aufwand immer weniger Erfolg? Retten Sie sich
von Kostensenkungsprogramm zu Kostensenkungsprogramm
und von Rabattdiskussion zur Rabattdiskussion? Oder sind sie
schon im Sprung auf die nächste Welle (untere Linie) und Ebene des Erfolges, wo sie nach durchlaufen des Transformations-
prozesses wieder »mehr mit weniger« erreichen. Haben Sie die
nächste Stufe Ihrer Unternehmensentwicklung eingeleitet und
ihr Geschäftsmodell auf die Zukunft ausgerichtet oder sichergestellt, dass ihre Marke auch noch in Zukunft nachgefragt
wird? Nehmen Sie die Achtphasengrafik und fragen Sie ihre
Kollegen, wo ihrer Meinung nach die Firma, die Marke steht.
Sie werden überrascht sein, wie unterschiedlich die Antworten
sein werden. Aber das ist ein guter Start für einen neuen
Deal.

Spiral Dynamics: Ein soziales Entwicklungsmodell

Wohin entwickeln und verändern wir uns als Gesellschaft und damit auch die Herausforderungen an unsere Unternehmen und Marken? Eine hochentwickelte Gesellschaft, die wie unsere inmitten eines Wandels steckt, verliert leicht die Perspektive und Orientierung zwischen all den verlautbarten widersprüchlichen Prognosen und Trends. Für Unternehmer und Manager ist es aber erfolgsentscheidend zu wissen, wohin sich die Märkte entwickeln. Märkte entwickeln sich immer entlang von Werten und Sehnsüchten der Kunden oder von gesellschaftlichen Problemstellungen, für die die Wirtschaft Lösungen entwickelt. Doch welche gesellschaftlichen Knappheiten sind heute zu lösen? Welche Werte werden nach der Egophase des Wallstreet-Kapitalismus wichtiger werden und was wird nach der globalen Wirtschaftkrise in der vernetzten Welt wirklich wertschöpfend sein? Wie können Unternehmensentscheider wissen, was die Kunden von morgen wollen und wie mit ihren Leistungen und ihrer Marke ein passendes Angebot dazu liefern? Woher wissen wir, dass der Nachhaltigkeitstrend eine dauerhafte Werteverschiebung darstellt und nicht nur eine Mode für Besserverdienende? Wie lernen wir Werteachsen zu analysieren und dabei zu erkennen, welche Werte zukunfsträchtig oder aber überholt sind, wo die Gesellschaft, ein Unternehmen und wir selbst stehen? Dabei helfen uns keine quantitativen Prognosen von Wirtschaftweisen, die nach einem halben Jahr revidiert werden, auch keine Meinungsumfragen unter ängstlichen Bürgern oder verwirrende Übersichten und Prognosen von Trendforschern, die den Puls der Zeit fühlen. Was wir brauchen, ist eine theoretische Erklärung und systematische Erfassung der Art und Weise, wie Gesellschaften sich entwickeln, ein Modell, das einerseits einfach verständlich, andererseits aber komplex genug ist, um gesellschaftliche Wertentwicklungen definieren und beschreiben zu können. Das Modell der »Spiral Dynamics« des Soziologen Don Beck ist ein solches »simplexes« Modell, das sich in den letzten zehn Jahren besonders in der Politik, Gesellschaft, der Persönlichkeitsentwicklung, aber auch zunehmend in Unternehmen bewährt hat. Ausgehend von Clare Graves hat Beck ein Wertesystem erarbeitet, das eine Vielzahl entwicklungspsychologischer und soziologischer Theorien einbezieht. Durch seine Verständlichkeit, Wirksamkeit und Vermeidung unzutreffenden esoterischen Vokabulars fand dieses Modell stärkere Verbreitung in der internationalen Politik und Wirtschaft als vergleichbare Modelle wie etwa Maslows Entwicklungspyramide, die kognitiven Entwicklungsstufen von Jean Piaget, die Lerntypen von Kohlberg. Das Modell bedient sich dem Bild der Spirale als Metapher, es zeigt aufsteigende Wertebenen die sich eben spiralförmig, wie eine Wendeltreppe von unten nach oben, vom Einfachen zum Komplexen, vom Unbewussten zum Bewussten in einer Pendelbewegung zwischen Ich- und Gemeinschaftszentrierung empor schraubt und entfaltet.

Pendelbewegung zwischen Ich und Wir

Nach Don Beck entwickeln sich Gesellschaften und Menschen spiralförmig. Das heißt, der Fokus des gesellschaftlichen Schwerpunkts pendelt zwischen den beiden Polen innen und außen, »Ich« und »Wir«. Individualismus und Selbstausdruck auf der einen Seite wechseln sich ab mit Selbstaufopferung, Gemeinschaftsgefühl und »Wir«-Dominanz auf der anderen Seite. Don Beck zitiert dazu den Psychologen Mihaly Csikszentmihalyi: »Die Sozialwissenschaftler Abraham Maslow, Lorenz Gruber, Jane Loevinger, James Fowler beschreiben eine dialektische Bewegung zwischen Differenzierung und Integration, zwischen einer auf die Innen-

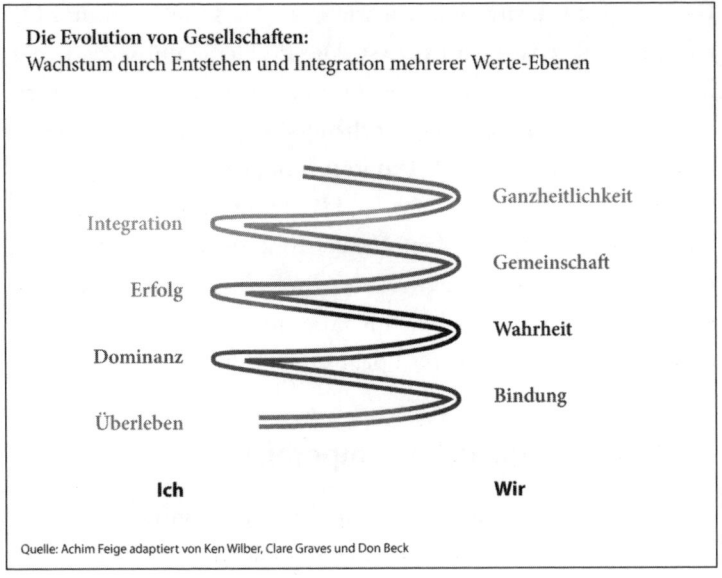

Die Evolution von Gesellschaften:
Wachstum durch Entstehen und Integration mehrerer Werte-Ebenen

Integration

Erfolg

Dominanz

Überleben

Ganzheitlichkeit

Gemeinschaft

Wahrheit

Bindung

Ich **Wir**

Quelle: Achim Feige adaptiert von Ken Wilber, Clare Graves und Don Beck

welt und dann wieder auf die Außenwelt gerichteten Aufmerksamkeit, zwischen der Wertschätzung für das eigene Selbst und für die größere Gemeinschaft. Es ist keine kreisförmige Bewegung, die an ihren Ausgangspunkt zurückführt, sondern ähnelt mehr einer aufsteigenden Spirale. Das Eigeninteresse wird allmählich durch weniger egoistische Ziele modifiziert, und das Interesse für andere wird individualisiert und gewinnt immer mehr an persönlicher Bedeutung.« In diesem Spannungsverhältnis entwickelt sich die Gesellschaft von einer Entwicklungsstufe zur nächsten. Der Prozess des Wandels braucht allerdings seine Zeit. Jede Aufwärtsbewegung ist gekennzeichnet von Umbrüchen und Kämpfen, von Desorientierung und Illusion, keine kann übersprungen werden, und jede fordert Opfer. Wann der Wandel anfängt, wie er sich fortsetzt und unter welchen Bedingungen er sein Ende erreicht, ist abhängig von den Ursachen, die ihn auslösen, und dem jeweils vorherrschenden Stand der Erkenntnis. Don

Beck verweist darauf, wie wichtig es ist, dass Potenzial und Offenheit für den Wandel existiert. Die Probleme müssen erkannt, Blockaden beseitigt und neue Lösungswege diskutiert werden. Dafür muss die Bereitschaft vorhanden sein, den eigenen Horizont zu öffnen und neue Erkenntnisse zu gewinnen. Ein gewisser Druck, der durch Dissonanzen und Reibung entsteht, kann dabei, wie oben beschrieben, den Wandel fördern. Erst dann ist eine Gesellschaft in der Lage, erkannte Hindernisse auch unter neuen Perspektiven zu betrachten, um innovative Lösungen zu finden und sich danach auf höherer Ebene zu konsolidieren.

Mehr Komplexitätskompetenz

Die beschriebene Pendelbewegung führt uns kontinuierlich und dynamisch von einer Werteebene zur nächsten, und jede Entwicklungsstufe ebnet den Weg für ein neues, bewusstes Sein: Wir denken vielschichtiger, unsere Sprache wird umfangreicher, wir erweitern unsere Handlungsalternativen und damit auch unseren Verhaltensspielraum. Diese Transformation vom Einfachen hin zum Komplexen ermöglicht es uns, auch schwierige Herausforderungen zu meistern und neue Verantwortungen zu übernehmen. Wenn wir also unsere gesellschaftlichen und persönlichen Probleme lösen wollen, sollten wir neue Sichtweisen entwickeln und zulassen. Das bedeutet unter anderem, die im kollektiven Denken verankerten Gegensätze wie alt/neu, traditionell/modern oder gut/böse zu überwinden zugunsten eines intelligenteren Zusammenspiels und Verhaltens verschiedenster Spieler, die nicht die Flucht in die Regression antreten, sondern die integrierte Weiterentwicklung bestehender Denkkonzepte. Für Unternehmer, Manager und Markenverantwortliche sind die Erkenntnisse der Spiral Dynamics schon deshalb bedeutsam, weil sie die Komplexität der gesellschaftlichen Entwicklung enorm reduzieren und

helfen, den Anpassungsbedarf ihrer Produkt- und Dienstleistungsangebote an sich verändernde Wertewelten objektiv und weitsichtig zu beurteilen.

Meme steuern uns im Hintergrund

Auf jeder dieser Entwicklungs-Ebenen sind unterschiedliche
Werte, Verhaltensweisen, Motive und Einstellungen von Menschen, Gemeinschaften, Unternehmen und Marken ausgeprägt
und handlungsleitend. Don Beck definiert ein solches Werte,
Verhaltens-, Motivbündel jeweils als Mem-Komplex. Meme sind
die kulturelle Entsprechung der biologischen Gene. Der Begriff
wurde erstmals 1999 von der britischen Psychologin und Kogniti-
onswissenschaftlerin Susan Blackmore verwendet und hat sich
seitdem seinen festen Platz in der Evolutionspsychologie und der
Evolutionstheorie erworben. Meme sind Informationseinheiten,
die sich reproduzieren wollen. Sie sind Vorstellungen, Bilder und
Überzeugungen, die durch Schrift, Sprache, Ritual und Imitation
von einem Individuum auf andere übertragen werden und sich
dadurch selbst reproduzieren. Ein intelligenter Witz zum Beispiel,
ein Gerücht, ein Skandal, eine schlechte Nachricht, ein guter Ruf
oder ein Image – das alles sind Meme, die sich gut reproduzieren.
Auch die Werthaltungen, Produkte und Leistungen von Unternehmen und Marken verdichten sich zu Mem-Bündeln, die sich,
wenn glaubwürdig, attraktiv und differenzierend über die Fans,
die Freunde der Fans und dann in den Mainstream der Marke
weiter fortpflanzen und damit ertragreiches Wachstum kreieren.
Die Produkteinführungen von Apple, die Keynotespeeches von
Steve Jobs, sind solch ein starkes Membündel, welches sich in
Windeseile um die Welt fortpflanzt und eine Fangemeinde um
sich schart, die wiederum davon berichtet und am Ende zu Schlan-
gen vor den Apple Stores führt, weil alle vom iPhone und iPad

infiziert sind. Im Gegensatz zu konkreten Marken-Memen stellen die Beckschen Mem-Komplexe Wertesysteme dar, die auf jeder gesellschaftlichen und persönlichen Entwicklungsstufe bestehen und sowohl die gelebten und angestrebten Werte dieser Stufe als auch die zu ihnen passenden Lebensumstände ausdrücken. Wie Gene replizieren sie sich im Austausch mit der Umwelt und steuern in Gesellschaften wie auch in Unternehmen und Markensystemen unser innerstes Verhalten. Mem-Cluster entwickeln sich beispielsweise im Austausch mit der vorherrschenden Kultur in den verschiedenen Epochen, mit Phasen der persönlichen Entwicklung oder mit der gesellschaftlichen Entwicklung ganzer Generationen. Natürlich ändern sie sich, wenn sich die Bedingungen der Erdatmosphäre, des natürlichen Lebensraums und des Ortes ändern, wenn sich ökonomische und ökologische Nischen ergeben und neue Technologien auftauchen oder neue Lebensräume erschlossen werden. Ihr Wandlungspotenzial kommt aber vor allem dann zum Tragen, wenn gravierende gesellschaftliche Umbrüche bevorstehen, politische Systeme sich ändern, Kriege stattfinden oder Katastrophen und Krisen drohen, die mit schwerwiegenden Problemen und Überlebensfragen für die Menschheit verbunden sind. Heute üben Globalisierung, Klimawandel und Finanzkrisen, unterstützt von bewussten Konsumenten und Entscheidern, diesen Anpassungsdruck aus, der uns zur Transformation zwingt.

Die Mem-Codes der einzelnen Entwicklungsstufen

Spiral Dynamics ist ein evolutionstheoretisches Entwicklungsmodell, welches in aufeinander aufbauenden aus sich entfaltenden Ebenen denkt. Jede dieser Entwicklungsebenen bildet sich entsprechend den gesellschaftlichen Rahmenbedingungen und »Fitness-Anforderungen« ihren eigenen erfolgversprechenden Mem-Komplex aus Werthaltungen, Motivatoren, Sprache, Ängsten, Bedingungen und kulturellen Codes aus. Diese werden schrittweise von unten nach oben je nach Entwicklungsstufe der Gesellschaft, der Unternehmen, oder eines gesunden Menschen durchlaufen. Sie legen fest, welche Leistungen und Werte von Unternehmen und Marken auf welche Entwicklungsebene erfolgversprechend sind oder nicht. Sie zeigen uns deutlich, wo wir mit unseren Werten stehen und wohin wir uns entwickeln können, um auch in Zukunft erfolgreich zu sein. Sehen wir uns im Folgenden die Meme auf den acht Stufen der Entwicklung genauer an.

Jede der acht Entwicklungsstufen ist jeweils mit einer Farbe gekennzeichnet. Die ersten sechs Entwicklungsstufen – Überleben(beige) bis Gemeinschaft (grün) – sind das erste Level oder die Primärschicht der Knappheiten, Ängste, und Bedürfnisse. Es sind die unersättlichen Defizit- und Mangelentwicklungsstufen des Habenwollens. Man nennt sie auch die Primärschicht der Bedürfnisse. Die Stufen sieben und acht – Integration (gelb) und Ganzheitlichkeit (türkis) – entsprechen der zweiten Schicht des Seins, dem integralen Level der Selbstverwirklichung und dem Wunsch nach Entfaltung. Dies ist auch die Ebene des GOOD Business. Erst dort entsteht der Wunsch, nicht nur seine Bedürfnisse zu befriedigen, sondern sie zu integrieren, in die Gruppe, die Gesellschaft und die Umwelt. Zwischen diesen beiden Schichten vollzieht sich eine Art Quantensprung in dem Wertesysteme,

Weltsichten und Verhaltenverweisen sich verändern. Sie integrieren sich, sind nicht mehr partiell und man glaubt nicht mehr, dass es nur eine Wahrheit gibt. In dieser Zwischenphase befindet sich unsere Gesellschaft mitten im Sprung.

Die Primärschicht: Die sechs Ebenen der Knappheiten und Bedürfnisse

Instinkt und Überleben – das beige Mem

Auf dieser Ebene, zu vergleichen mit der Existenzebene von Abraham Maslow, der mit seiner Bedürfnispyramide seit Ende der 1960er Jahre einen ähnlichen Ansatz entwickelt hat und in keiner BWL-Vorlesung fehlt, geht es um Leben oder Tod. Sie ist die Ebene des Überlebens, in der die physiologischen Knappheiten Sicherheit, Nahrung, Wasser, Wärme und Sexualität die Bedürfnisskala bestimmen. Es geht um Instinkte und Gewohnheiten, die Möglichkeiten, ein unterscheidbares Ich zu formen und zu bewahren sind noch nicht gegeben. Die frühen Jäger und Sammler lebten nach dem beigen Mem, das auch »instinktives Mem« genannt wird. Auf der Ebene des Individuums lässt sich dieses von Urinstinkten gesteuerte Leben mit der Befindlichkeit von Babys bis zum 18. Lebensmonat vergleichen. Wer diese elementaren Instinkte mit seiner Marke oder Unternehmensleistungen ansprechen will, vermittelt Markenbotschaften am besten über direkte intensive sensuelle Erfahrungen wie riechen, schmecken, sehen, hören und berühren vermitteln. Diese existenzielle Ebene teilen alle Menschen, denn die fünf Sinne sind in den einfachsten Hirnregionen verortet und lösen direkte, handlungsleitende Emotionen wie Angst, Lust, Aggression oder Flucht aus.

Motiviert durch die Gehirnforschung versuchen Markenverantwortliche heute mit ihren Marken mit neurnonalen »HOT

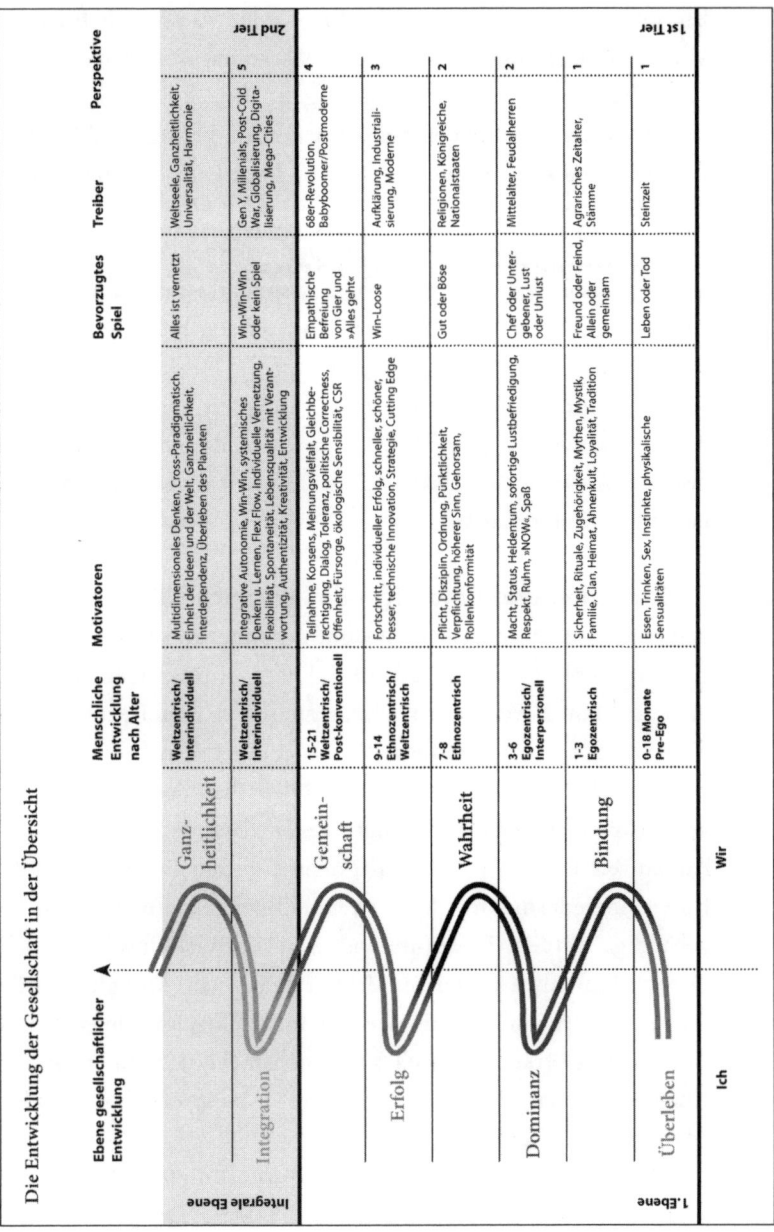

Die Entwicklung der Gesellschaft in der Übersicht

Ebene gesellschaftlicher Entwicklung	Menschliche Entwicklung nach Alter	Motivatoren	Bevorzugtes Spiel	Treiber	Perspektive
Ganzheitlichkeit / Integration	Weltzentrisch/ Interindividuell	Multidimensionales Denken, Cross-Paradigmatisch. Einheit der Ideen und der Welt, Ganzheitlichkeit, Interdependenz, Überleben des Planeten	Alles ist vernetzt	Weltseele, Ganzheitlichkeit, Universalität, Harmonie	5
	Weltzentrisch/ Interindividuell	Integrative Autonomie, Win-Win, systemisches Denken u. Lernen, Flex Flow, individuelle Vernetzung, Flexibilität, Spontaneität, Lebensqualität mit Verantwortung, Authentizität, Kreativität, Entwicklung	Win-Win-Win oder kein Spiel	Gen Y, Millenials, Post-Cold War, Globalisierung, Digitalisierung, Mega-Cities	
Gemeinschaft	15–21 Weltzentrisch Post-konventionell	Teilnahme, Konsens, Meinungsvielfalt, Gleichberechtigung, Dialog, Toleranz, politische Correctness, Offenheit, Fürsorge, ökologische Sensibilität, CSR	Empathische Befreiung von Gier und »Alles geht«	68er-Revolution, Babyboomer/Postmoderne	4
Erfolg	9–14 Ethnozentrisch/ Weltzentrisch	Fortschritt, individueller Erfolg, schneller, schöner, besser, technische Innovation, Strategie, Cutting Edge	Win-Loose	Aufklärung, Industrialisierung, Moderne	3
Wahrheit	7–8 Ethnozentrisch	Pflicht, Disziplin, Ordnung, Pünktlichkeit, Verpflichtung, höherer Sinn, Gehorsam, Rollenkonformität	Gut oder Böse	Religionen, Königreiche, Nationalstaaten	2
Dominanz	3–6 Egozentrisch/ Interpersonell	Macht, Status, Heldentum, sofortige Lustbefriedigung, Respekt, Ruhm, »NOW«, Spaß	Chef oder Untergebener, Lust oder Unlust	Mittelalter, Feudalherren	2
Bindung	1–3 Egozentrisch	Sicherheit, Rituale, Zugehörigkeit, Mythen, Mystik, Familie, Clan, Heimat, Ahnenkult, Loyalität, Tradition	Freund oder Feind, Allein oder gemeinsam	Agrarisches Zeitalter, Stämme	1
Überleben	0–18 Monate Pre-Ego	Essen, Trinken, Sex, Instinkte, physikalische Sensualitäten	Leben oder Tod	Steinzeit	1

Integrale Ebene — 1. Ebene

2nd Tier — 1st Tier

Ich — Wir

Buttons«, einem »Sensual Branding« oder »wissenschaftlichen« Veranstaltungen unter dem Motto »Marketing ist Porno«, in diesen prärationalen Bereich vorzudringen. Diese kindliche Regressionslust ist momentan der Renner in der Marketing- und Werbeindustrie und zeigt zum einen, wie viel nutzbares Potenzial noch in diesen Schichten unseres Bewusstseins schlummert, und zum anderen, wie wenig vorwärtsgewandt wir manchmal sind. Ein Markenbeispiel, das das beige Mem anspricht, ist Axe im Kosmetikbereich, ein Deodorant, das die Anziehungskraft der Männer durch seinen Duft zu potenzieren verspricht. Andere Marken wie beispielsweise das Magnum-Eis von Langnese nutzen unter anderem erotische Lippen-Bilder, um sich in das animalische limbische Hirnsystem einzuschleichen und den schwer kontrollierbaren Kaufimpuls auszulösen.

Sicherheit und Bindung – das purpurne Mem

Zunehmende Existenzsicherheit auf der untersten Ebene erzeugt zunehmenden Gemeinschaftssinn. Die familiäre Gemeinschaft oder der Stamm werden auf der nächsten Stufe zum Bezugspunkt, Zugehörigkeit wird existenziell. Abgegrenzt wird nach Freund oder Feind, der Einzelne dient dem Überleben des Stammes, der wiederum Sicherheit und Schutz gegen das Fremde bietet. Die Außenwelt ist belebt durch magische Geister, die in Gute und Böse eingeteilt sind und durch strenges Befolgen ritueller Bräuche gebändigt werden. In der individuellen Entwicklung bildet sich dieses Mem im zweiten bis dritten Lebensjahr mit der ersten groben Wahrnehmung aus, wenn Kinder einzelne Objekte und Bezüge zwar erkennen, sich aber noch nicht von ihnen unterscheiden können. Es ist die Zeit, in der sie zu sprechen und andere zu imitieren beginnen.

Zu den Marken, die diese Ebene des »Clanning« (»Vergemeinschaftens«) ansprechen, gehören die TV-Serie *Die Sopranos*, die den Mafia Clanning-Geist authentisch wiedergibt, oder das magische Kämpferspiel »World of Warcraft«, in der wir alles tun können, was wir wollen und so sein können, wie wir wollen. Dazu zählen auch viele traditionelle magische Disney Zeichentrickfilme wie etwa *Mickey, der Zauberer* oder alle Pixar-Filme – von *Toy Story* 1-3 bis zu *OBEN*, dem knorrigen Senior –, die mit der Idee der belebten Tier- und Spielzeugwelt arbeiten. Im heutigen, eher rationalen und entemotionalisierten Alltag laden wir dieses magische Mem bei ekstatischen Riten wie Fußball-Weltmeisterschaften in uns auf, oder in den Nachtclubs mit tribalistischer House Music, deren DJs als Hohepriester und Medizinmänner der Ekstase auftreten und uns mit ihren Bässen bis acht Uhr früh wach halten. Und auch die High-end-Grillpartys mit den Grills der Marke Weber und die unendlichen, mystisch-magischen Animationsfilme wie AVATAR reflektieren das purpurne Mem. Dieses Mem ist zudem ein klassisches Krisen-Mem, das momentan eine Renaissance erlebt: Es bindet uns an die Vergangenheit und schafft ein Stück Herkunft, vor allem wenn die Gegenwart in der Krise und die Zukunft extrem unsicher ist. Neue regionale Heimatprodukte sind ebenso erfolgreich wie Sparkassen, Volks- und Raiffeisenbanken, die als letzter Hort der Sicherheit und der regionalen Nähe verstanden werden. Die Sehsucht nach dem »Authentischen« spiegelt ein – solange es vorübergehender Natur ist – gesundes regressives Bedürfnis. Marken wie Manufaktum, die »Die guten alten Dinge« oder »Mutterland«, die regionale Manufakturmarmelade und andere »verortete« Produkte anbieten, nutzen diese aktuelle Regressionsphase, um die Menschen wieder anzubinden an ihre Tradition und Herkunft und für den nächsten Entwicklungssprung aufzuladen.

Power und Macht – das rote Mem

Aus der Gleichförmigkeit des Stammeslebens und der Eintönigkeit des Alltags entwickelt sich allmählich das egozentrische und imperiale Mem. Menschen entfliehen der Enge des Immergleichen und beginnen, ihre überschüssigen Individualisierungskräfte zu entfalten und in den Dominanz- und Unterscheidungswettbewerb einzutreten, den Stamm zu dominieren, sich von ihm zu unterscheiden, egoistisch zu sein und Macht auszuüben. Orientierung verleiht die Frage: »Was ist für mich drin?«, und der Hauptunterschied zwischen den Menschen äußert sich in Form von Macht oder Ohnmacht. Helden und Rebellen, die gegen magisch-mythische Geister kämpfen oder wie Siegfried in der Heldensage gegen Drachen bestehen müssen, um die bösen Mächte zu besiegen, sind von diesem Mem beseelt. Machterhalt, Machtausbau und das rücksichtslose Durchsetzen eigener Interessen kennzeichnen das rote Mem. Kinder fangen im Alter von drei bis sechs Jahren damit an, Machtspiele zu spielen, um sich mit immer höherem Geschick gegenüber ihren Eltern zu behaupten.

Auch in der heutigen Gesellschaft wird dieses Mem noch stark gelebt. Es drückt sich vor allem in der Politik und in sehr konservativ geführten Unternehmen aus, in denen das Ziel, die Nummer eins zu bleiben, ohne Rücksicht auf Verluste durchgesetzt wird. Es ist das Big-Boss-Mem, das Mem der Anerkennung und Dominanz. Als machtfixierte Persönlichkeiten gelten in der Politik etwa Nicolas Sarkozy mit seiner großen Frau Carla Bruni-Sarkozy oder Silvio Berlusconi. Unternehmen die hier erfolgreich sein wollen, arbeiten mit Stärke, Machismo, Dominanz, Statussymbolen, Heldengeschichten und Legenden. Der Hummer SUV, Porsche, Jaguar, Ferrari oder die Deutsche Bank stehen beispielhaft für Marken, die Macht und Kraft ausdrücken. Aber auch rebellische Marken wie Virgin mit dem »Wirtschaftspunk« Richard Branson an der Spitze oder das Flügel verleihende Red Bull präsentieren sich auf der roten Mem-Stufe. Sie aktiviert zudem den Wunsch nach Genuss und Selbstdarstellung ohne Reue im Hier und Jetzt, wie die Schweizer Konsumenten-Finanzierungsbank »bank now« schon im Namen ihrer Produkte Lease now und Credit now deutlich macht.

Es ist das Mem des klassischen Luxus (lat. luxuria: unkeusch), dem nach außen gerichteten Statuskonsum nach dem Motto »Ich bin, was ich habe, und zeige es auch.« Im Luxussegment ist das in St. Moritz ansässige Hotel Badrutts Palace die Markenikone und Plattform für schillernde Persönlichkeiten aus aller Welt. Des Weiteren sind auf diesem Mem alle Fun-Marken positioniert.

Interessant ist auch, dass auf dieser Ebene Ansätze von »Selbstverwirklichung« entstehen, aber noch im Sinne von Selbstbefriedigung der Bedürfnisse und nicht als Entfaltung eines höheren, feineren Selbst.

Ordnung und Sinn – das blaue Mem

Aus dem Druck der Stammeskriege und feudalen Machtkämpfe entsteht am Ende die Sehnsucht nach einer klaren, sinnvollen Ordnung auf der nächsten Entwicklungsstufe. Es entwickelt sich der Wunsch, Stabilität und Gerechtigkeit zu schaffen und aufrecht zu erhalten. Dies zu erreichen, erfordert einen Verhaltenskodex, der auf absoluten, unveränderlichen Prinzipien von Recht und Unrecht basiert. Die Menschen wollen an eine absolute Wahrheit glauben und sich danach richten können. Es geht um Gut oder Böse, um Richtig oder Falsch. Es ist das Mem des Schwarz-Weiß-Denkens und damit das der großen Religionen, Königreiche und Nationen, die die zerstrittenen Menschen hinter einer größeren Idee, einem höheren Sinn wiedervereinen. Die innere Kontrolle weicht einer äußeren Ordnung und Form.

Kinder ab sieben Jahren eignen sich ihre prinzipiellen Werte und Leitlinien des erfolgreichen Lebens meist nach dem Vorbild ihrer Eltern und damit nach dem Muster »Mach, was ich sage« beziehungsweise »Tu es, wie es sich gehört, und ich hab dich lieb« an und beginnen erst später damit, dies zu hinterfragen. Die Entwicklungsstufe des blauen Mems beschreibt eine Zeit der absoluten Wahrheit und Autorität. Viele Unternehmen, die zum Beginn des industriellen Zeitalters gegründet wurden, funktionierten nach diesem Muster und leben auch heute noch danach. Sie agieren nach dem Prinzip der klaren Anweisung, wie es beim Militär, aber auch bei hierarchischen Religionen wie der katholischen Kirche üblich ist. Dieses Mem stiftet den höheren Sinn und Kontext, mit dem sich die Menschen identifizieren können. Es dominiert den Einzelnen, der sich einer großen Idee verschreibt. Entscheidungen werden zielgerichtet und autoritär getroffen. Marken, die das blaue Mem ansprechen wollen, appellieren an einen höheren Sinn wie etwa »Für eine bessere Welt«, berufen sich auf Pflicht und Ehre und stellen sich einer Aufgabe. Dabei kommunizieren sie autoritär und eindeutig und versprechen für heutige Entbehrungen Belohnung in der Zukunft. Sie geben Sicherheit durch Eindeutigkeit und vermitteln markenbewussten Kunden ein Gefühl der Selbsterhöhung. Unternehmen und Marken mit einem stark intern geprägten Glaubenssystem aktivieren dieses Mem sehr gut, wie zum Beispiel die Investmentbanker von Goldman Sachs, die »Meckis« von McKinsey & Company oder Microsoft. Selbst eine Sportmarke wie Schalke 04 mit einer starken, loyalen Glaubensgemeinschaft aktiviert das blaue Mem der loyalen Zugehörigkeit – auch ohne Meisterschaft – seit über 50 Jahren. Wahrscheinlich wäre ein Sieg dem Glauben an Schalke eher abträglich: Warum noch Fan sein, wenn die eigene Tragödie plötzlich nicht mehr ist? Dann braucht es eine neue Erzählungen Vergangenheit. Warten wir es ab.

Das moralische Wertesystem dieser Entwicklungsstufe ist ethnozentrisch: Denkweisen wie »Unsere Religion ist besser als die der anderen«, »Hauptsache uns Deutschen geht es gut« oder »Was kümmern mich die Ausländer, die Welt, der Planet Erde«, spiegeln die eingeschränkte Sicht der Menschen wider.

Erfolg und Gewinn – das orange Mem

Vor etwa 400 Jahren begannen Galileo Galilei und Leonardo da Vinci damit, sich aus dem traditionellen Glaubenssystem zu befreien. Sie haben sozusagen das orange Mem mitbegründet, indem sie aufgrund rationaler Erkenntnisse und im Eigeninteresse handelten. Diesem strategischen Mem liegt der Glaube an rationale wissenschaftliche Erkenntnisse und Entscheidungen zugrunde. Naturgesetze werden dafür genutzt, mit starker Leistung und schlauen Strategien materiellen Gewinn und Erfolg zu produzieren. Der Mensch lernt die Welt für seine Zwecke zu nutzen und zu formen. Auf diesem Level werden traditionelle Bindungen durch formale Rechte wie die persönliche Freiheit, Gleichheit und Brüderlichkeit ersetzt. Es ist das Entstehen des selbstbestimmten, autonomen Ichs, das sein eigenes Weltbild formt und sich nicht von Gott oder anderen gottähnlichen Persönlichkeiten wie Fürsten, Lehrern oder Priestern die Wahrheit predigen lässt. Das »Ich bin« ist ein Produkt Säkularisation. Im erwachenden Selbstbewusstsein der damaligen Zeit war sich der neue Mensch (»Renaissance«) seiner speziellen und unverwechselbaren Identität bewusst und scheute sich nicht davor, seine Meinung zu diskutieren und eindringlich zu vertreten.

Bei Kindern und Jugendlichen setzt ab dem 9. bis zum 14. Lebensjahr die Fähigkeit ein, rational, abstrakt und konzeptionell zu denken und ihren eigenen Weg im Leben reflexiv zu finden. Beim orangen Mem geht es um Gewinnen oder Verlieren. Es ist das dominante Mem des liberalen Kapitalismus und des Marktplatzprinzips »Sei schlau, gewinne und genieße Deinen Erfolg«. Im Gegensatz zum roten Macht-Mem stehen rationale Leistungen und die Errungenschaften von Wissenschaft und Technik über der ererbten oder repressiv erworbenen Macht. Der Selfmademan oder der erfolgreiche Sportler sind Ikonen dieses Mems. Die Menschen auf dieser Entwicklungsstufe bevorzugen Marken, die gut, bewährt und beliebt sind. Produkte mit komparativen Leistungsversprechen wie schneller, höher, weiter oder neuer und populärer werden geschätzt, und auch der Wettkampf, die Expertise oder der Wille, erfolgreich und unabhängig zu sein, sind charakteristisch für die Farbe Orange. Im Fokus stehen Gewinnermarken, die Qualität ausstrahlen und klare Botschaften verkünden, wie etwa Audi mit »Vorsprung durch Technik«. Wie die Performance-Marke IBM, die Dienstleistungsmarke PricewaterhouseCoopers oder die Deutsche Bank mit ihrem Slogan »Leistung aus Leidenschaft« zeigen, gibt es solche leistungsorientierten Marken auch in vielen anderen Wirtschaftszweigen. Das orange Mem ist das dominante Mem in der entwickelten modernen Welt, das Primat des Ökonomischen, das aber an seine Grenzen kommt, weil es sich eben nicht um die Konsequenzen des eigenen Handelns für Dritte oder die Umwelt kümmert. Die Finanzkrise 2008, die weltweiten Hungersnöte, der Klimawandel oder die Euro-Krise 2010 zeigen, dass wir nicht allein sind. Und da in der globalen Welt jede Tat zu uns zurückkommt, zeigen sie auch, dass die Energie des orangen Mems in seiner Übertreibung abnehmen muss und durch die nächste Entwicklungsstufe abgeschwächt werden wird.

Die negative Seite dieses Erfolgs-Mems äußert sich durch seinen Fokus auf die materiellen Dinge des Lebens, der gleichzeitig zum Burn-out-Syndrom führt, zur zunehmenden Entfremdung und zu immer mehr Krisen im Umfeld, sei es in der Wirtschaft oder beim Klimawandel. Daraus entstehen die Gegenbewegungen wie der Antikapitalismus, der Aufbau der grünen Interessensgemeinschaften seit 1968 oder deren Institutionalisierung als grüne Partei in den 1980er Jahren, die mit einem Wahlanteil von 15 Prozent heute im Mainstream angekommen ist.

Gemeinschaft und Fürsorge – das grüne Mem

Wird das egoistische Leistungsstreben übertrieben, schwingt das Pendel um. Das grüne Mem betont wieder das Wir-Gefühl und weniger das Haben, sondern das Sein: Man sehnt sich nach Gemeinschaft und nach menschlichem Zusammenhalt. Das Streben nach der unendlichen Entfaltung und Werthaltigkeit des Lebens rückt in den Vordergrund, und auch das Bewusstsein für die Erde und für ökologische Stabilität wird neu entdeckt. Diese Sehnsüchte tauchten erstmals in der Hippie-Zeit auf, steigerten sich dann in den 1980er Jahren zur Anti-Atombewegung und fanden in der Angst um den Wald und aktuell durch den Klimawandel neue Bedeutung. Zur gleichen Zeit verdrängt das gleichberechtigte Netzwerkdenken egoistisch motivierte Einzelentscheidungen. Infolge der Krise ist es kaum erstaunlich, dass dieses Denken momentan darum kreist, den menschlichen Geist von Habgier, Dogma und Entzweiung zu befreien. Weiche Werte stehen über rationalem Erfolg. Die Werte und Attribute des grünen Mems sind Mitgefühl und Fürsorge, Konsens und Harmonie, Gemeinschaftssinn und Egalitarismus. Es handelt sich um eine weltzentrierte Wertvorstellung. Menschen im Alter vom 15 bis 21 Jahren entwickeln normalerweise ein starkes Weltgerechtigkeitsbewusstsein und nerven ihre pragmatischen Eltern mit ihrem »Weltverbesserungsgeschwätz«. Ausgehend von den Achtundsechzigern treiben die Menschenrechtsbewegung, die NGOs, die Schwulen- und Lesbenbewegung in Kalifornien, die Frauenbewegung und die New-Age-Bewegung diesen Wandel voran. Heute sind es die sogenannten Kulturell Kreativen und die eher ökologisch angehauchten LOHAS, die mit dem »Lifestyle of Health and Sustainability« ihre Lebensqualität steigern. Sie alle wollen sich selbst verwirklichen, aber mit Rücksicht auf die Konsequenzen ihrer Lebensweise für Dritte. Menschen, die das Ego mit der Gemeinschaft zu versöhnen versuchen, nennt Matthias Horx »Soft-Individualisten«. Bewusst findet dieser Versöhnungskurs ungefähr seit Ende der 1990er Jahre statt und trat damals schon mit Marken wie Ben & Jerry's und Anita Roddicks Kosmetikkette The Body Shop auf. Im Prinzip ist aber das grüne Mem ein wirtschaftsfeindliches antikapitalistisches Mem der Menschlichkeit und des Kümmerns. In den letzten Jahren verteufelt die Wirtschaft es aber nicht mehr unter No-Logo-Platitüden, sondern beginnt, sich in sie zu integrieren und eine neue, menschlichere Wirtschaft vorzubereiten. Insofern bahnt das grüne Mem dem nächsten Sprung unserer Ego-Wirtschaft den Weg in einen guten Kapitalismus, der Werte für alle schafft. Dies geht freiwillig oder erfolgt zwangsläufig durch die Abfolge von Schocks und Krisen der klassischen Wirtschaft, wie wir sie in den letzten Jahren erleben.

Die zweite Schicht: Das integrale Level

Die grüne Stufe ist die letzte Stufe der sogenannten Primärschicht. Innerhalb dieser Schicht werden die Entwicklungsniveaus als hierarchisch, einander ablösend betrachtet. Dies bedeutet, dass die Gesellschaften und Individuen auf ihrer jeweiligen Entwicklungsstufe gefangen sind und ihre Sicht der Dinge als einzige und absolute Wahrheit ansehen. Erst ab der zweiten Schicht, dem integralem Level, gelingt der echte transformative Sprung: Es ensteht in uns ein übergeordnete Denken, eine Art Metaperspektive, die es ermöglicht, die darunter liegenden Ebenen systemisch zu integrieren. So wie Barack Obama der erste integrale Präsident der USA ist, der alle scheinbar integrieren und versöhnen will, im Gegensatz zu George Bush, der aus der absoluten Sicht des blauen Mems die Welt in Gut und Böse gespalten hat. In der zweiten

Schicht, auf dem integralen Level wirken die Meme mit den Farb-codes Gelb (Integration) und Türkis (Ganzheitlichkeit), die das integrierte und holistische Denken bezeichnen, das erst mit der ganzheitlichen Sicht auf die Welt entstehen kann. Beide Meme kennzeichnen zugleich den Beginn des globalen Denkens, eine Bewusstseinsebene, die nicht allen Menschen zugänglich ist. Be-dingung ist es, eine Art Metaperspektive einnehmen zu können, das heißt zum Beispiel, sich selbst und sein Handeln beobachten und dabei verschiedene Mem-Ebenen einzunehmen mit flexi-blen Perspektiven autonom lösungsorientiert umgehen zu kön-nen, ohne nach einer einzigen Wahrheit zu suchen.

Integration und Transformation – das gelbe Mem

Dieses Mem lässt uns das Leben als Kaleidoskop natürlicher Hier-archien und Formen begreifen. Als systemisches Mem fordert es uns dazu auf, offen zu sein und Verantwortung für sich und an-dere zu übernehmen, erlaubt aber auch, sich spontan zu öffnen und weiterzuentwickeln. Es ermöglicht den Individuen, ihr eige-nes Ich im Rahmen einer vielfältigen Gemeinschaft zum Aus-druck zu bringen. Dieses Mem wird beispielsweise von Barack Obama sehr stark aktiviert. Bekanntermaßen ist er der erste US-Präsident, der dieses Bewusstsein vorlebt. Sicherlich vertritt er die Interessen Amerikas auf globaler Ebene, will diese aber in Ein-klang mit den verschiedensten Interessen anderer Nationen brin-gen. Damit steht er in starkem Kontrast zu seinem Vorgänger George W. Bush, der zwischen Gut und Böse teilte und vor allem auf der egoistisch-dominanten roten oder der absoluten blauen Ebene agierte. Barack Obama versucht, zu integrieren, wohlwis-send, dass dies ein langwieriger Prozess sein wird.

Offen sein für Neues, Flexibilität beweisen, Verantwortung gemeinsam übernehmen, dies alles sind Werte für Marken, die ein neues, höheres Verständnis ansprechen und Ökonomie, Ökologie und soziale Verantwortung in unser kollektives Bewusstsein integrieren. Gute Beispiele dafür liefern uns Marken wie Whole Foods, Patagonia und Lululemon Atletica – oder die Autoindustrie: Im Bewusstsein, dass der Elektromotor eines umweltschonend konzipierten Autos den geringst möglichen CO_2-Ausstoß produziert, kann auch ein Sportwagen wie etwa der Tesla, der in 3,9 Sekunden von 0 auf 100 beschleunigt, ungeniert Spaß machen. Marken, die das typisch grüne Wertesystem nutzen, bringen Menschen zusammen, wie es zum Beispiel Starbucks tut. Am »dritten Ort zwischen Arbeit und Zuhause« versorgt die alternative Kaffeehaus-Kette unter anderem die Kreativen in Berlin-Mitte mit ihrem fairen Caffe Latte und reicht dazu ETHOS Wasser. Das Problem dieser Klientel – und damit die Schattenseite des grünen Mems – zeigt sich allerdings darin, dass sie in der übertriebenen Relativität und Postmodernität eines »Alles geht« dann oft doch nichts anpackt und verändert.

Für Marken auf dieser Entwicklungsebene gilt, dass sie die Lebensqualität, Selbstentfaltung und Empathie ihrer Kunden erhöhen, fürsorglich sind und Nachhaltigkeit erlebbar und nachvollziehbar machen. Wenn sie zu Kollaboration, Gemeinschaft, Offenheit und zum Teilen einladen und Werte wie Natürlichkeit, Authentizität und Menschlichkeit ausstrahlen, werden sie erfolgreich sein.

Die wirtschaftliche Essenz dieses Mems ist die Integration des Sozialen (grünes Mem für Gemeinschaft) und der planetarischen Umwelt (gelbes Mem für Integration), die sich beide mit dem ökonomischen Gewinn (oranges Mem für rationaler Erfolg) versöhnen. Sie wird von Marken wie etwa der Grameen Bank mit ihrem Mikrokredit-Angebot ausgestrahlt. Die »Bank fürs Dorf« entstand durch ein Forschungsprojekt, das Professor Muhammad Yunus im Rahmen eines Landwirtschaftsprogramms an der Universität von Chittagong in Bangladesch 1976 leitete.

Der Volkswirtschaftler wollte herausfinden, unter welchen Bedingungen Bankdienstleistungen für die Ärmsten der Armen möglich sind, um sie aus der Aussichtslosigkeit ihres Schicksals zu befreien. Nach erfolgreicher Kreditvergabe im nahe gelegenen dörflichen Umfeld wurde das Projekt mit Hilfe der Zentralbank und einigen Kreditinstituten auf weitere Bezirke und schließlich auf das ganze Land ausgedehnt. Heute gehört das 1983 in eine unabhängige Bank überführte Mikrokreditinstitut mit dem sozialen Geschäftszweck zu 95 Prozent den Schuldnern. Wie ist das möglich?

Der Erfolg des Gründers, der ursprünglich sein eigenes Geld verlieh, basiert auf einfachen Regeln: Um sicherzugehen, dass die Kleinstkredite in Höhe von 50 bis 100 Dollar zurückbezahlt werden, müssen die Dorfbewohner Gruppen bilden, die für einander bürgen. Nur wenn die Erstschuldner ihre Darlehen ordnungsgemäß tilgen, erhalten weitere Gruppenmitglieder Kredit. Mit einer enorm hohen Rückzahlungsquote von 97 Prozent spricht dieses System für sich selbst. Da Frauen die Chancen der Selbständigkeit schneller ergreifen, konsequenter umsetzen und besser für die Familie sorgen, bilden sie mit einem Anteil von ebenfalls 97 Prozent die Hauptgruppe der Darlehensnehmer, die in die »eigene Bank« investieren und dort ihre Ersparnisse anlegen. Bis heute hat die Vorzeigemarke für verantwortungsbewusstes Banking ein umfassendes Programm zur Armutsbekämpfung entwickelt, das auch Mikrokredite für schnell wachsende Kleinunternehmen, Wohnungs- und Ausbildungskredite, Stipendien sowie Sozialversicherungen für seine Schuldnerinnen anbietet und sogar ein zinsloses Minikredit-Angebot für Bettler geschaffen hat. Um die Bank hat sich ein Netzwerk weiterer Produkt- und Service-Anbieter mit ähnlich sozialen Zielen gruppiert. Das Wichtigste aber ist, dass die Grameen Bank mit Ausnahme von drei Jahren immer profitabel war und ihren Shareholdern selbst im Krisenjahr 2009 eine Dividende von 30 Prozent auszahlen konnte. Das Konzept von Muhammad Yunus, der für sein soziales Engagement neben dem Nobelpreis weitere renommierte Auszeichnungen erhielt, steht stellvertretend für erfolgreichen Wandel und wird heute in vielen anderen Drittweltländern eingesetzt.

Ein ganz anderes, aber nicht weniger beachtenswertes Geschäftsmodell, verfolgt die erste sozialökologische Universalbank der Welt. Die Bochumer GLS Bank, die heute in Deutschland Marktführer der sozial-ökologischen Banken ist, bietet ihren Kunden einen dreifachen Gewinn: Der Kunde steckt sein Geld in ein Projekt, das auf die Förderung (Sozial) der menschlichen Grundbedürfnisse (Erneuerbare Energie, Bildung, Kultur, Ernährung, Gesundheit) fokussiert, erhöht dabei die Chancen zukünftiger Generationen (Ökologie) und erhält eine angemessene Verzinsung. Die Bank wächst seit Jahren um 15 bis 25 Prozent, verjüngt dabei ihren Kundenstamm und zieht meist hochgebildete Akademiker an.

Im klassischen Bio-Lebensmittel Segment hat der Pionier Ulrich Walter schon 1979 mit seiner Marke Lebensbaum (Tee, Kaffee, Gewürze), heute Marktführer im Biofachhandel, diese drei Dimensionen der Nachhaltigkeit versöhnt und macht sie seitdem in seinen Produkten erlebbar. Er verschafft zum Beispiel seinen Lieferanten sozialen und ökonomischen Gewinn, indem er, in Partnerschaft mit der SEKEM Farm den biodynamischen Landbau in Ägypten einführte und Fenchel, Kamille, Hibiskus und andere Gewürze und Kräuter in einzigartiger Qualität anbaute, so den sozialen dort Wohlstand erhöhte, und in Deutschland Bio-Tee in erlesener Qualität und bestem Geschmack anbietet. Das Resultat ist ein hoher Marktanteil und ein angemessener ökonomischer Gewinn für das Unternehmen mit guten Margen für den Fachhandel. Die hohe Transparenz in der Wertschöpfungskette und der sozialökologische Ansatz in allen Unternehmensteilen kombiniert mit leistungsüberlegenen Produkten machen die Marke Lebensbaum zur Referenz in der Biobranche.

Das gelbe Mem ist auch das Mem der Social Networks, der sozialen Netzwerke die sich im Internet herausbilden und des Internets, das heißt des ewigen Vernetzens, des Selbstentwickelns und Darstellens in den unterschiedlichsten selbst gewählten Gemeinschaften. Die beiden Power-Marken dieses Levels sind Apple und Google, die keine Produkte, sondern Werkzeuge des Selbstdesigns (iPhone) und App-Plattformen der Ko-Kreativität anbieten. Das iPhone ist, metaphorisch gesprochen, unsere integrierende Kommandozentrale, mit der wir uns selbst verwirklichen und uns in den globalen Strom unserer Freunde und der Informationsflüsse einklinken. Hierbei unterstützt uns die Suchmaschine Google, die daran arbeitet, alle Informationen der Welt zu ordnen und auf Knopfdruck personalisiert zu liefern.

Noch deutlicher tritt der integrale Ansatz beim kanadischen Sportbekleidungs- und Sportgerätehersteller Lululemon Athletica zutage, dessen Produkt- und Servicepalette auf Yoga fokussiert: Die Vision des Unternehmensgründers ist es, durch persönliches Verantwortungsbewusstsein die Welt zu verändern. Um die Art und Weise des Geschäftemachens positiv zu beeinflussen, legt Chip Wilson die umfassenden CSR-Regeln, die er »gesellschaftliches Vermächtnis« nennt, eng aus. Mitarbeiter und Geschäftspartner werden zu überzeugten Botschaftern, die dafür sorgen, dass das Qualitäts- und Nachhaltigkeitsversprechen auf jeder Stufe der Wertschöpfungskette eingehalten wird. Sie wählen an jedem Standort ihre eigenen Hilfsprojekte, die Kundenwünsche und Bedürfnisse im sozialen Umfeld elegant mit den Unternehmenszielen verbinden. Auf diese Weise werden die Läden in aller Welt zu sportlichen Drehscheiben für geschäftliche, soziale und ökologische Aktivitäten, die Mitarbeiter, Geschäftspartner, Kunden und Web 2.0-Communities zu einer eingeschworenen und authentisch agierenden Gemeinschaft zusammenwachsen lässt. Lululemon Athletica kommt dem Ziel, ihren Kunden zu einem gesünderen, längeren und freudvolleren Leben zu verhelfen – und dabei gleichzeitig die Welt aus der Mittelmäßigkeit zu befreien –, schneller als gedacht entgegen: Der Aktienkurs hat sich in 18 Monaten verzehnfacht!

Orange Performance-Marken wie Adidas und Nike, die den Transformationsaspekt oder die globale Spiritualität nicht authentisch ausstrahlen, werden auf diesem Level Probleme bekommen. Selbst ein Baumarkt wie Hornbach, der sich als »Projektmarkt für meine handwerkliche Selbstverwirklichung« positioniert, wird sich gegenüber den OBI-Experten des orangen Mems und dem Survival-Mem Billig Praktiker Markt weiter differenzieren. Einen umfassenden Wertemix bietet die »Holzhaus-Schneiderei« baufritz: Ihr Baukasten-System enthält ökologisch durchdachte Einzelelemente, die höchsten Energiestandards, Lebensqualitäts– und Designansprüchen genügen. Für sein Nachhaltigkeitskonzept hat das Familienunternehmen bereits mehr Auszeichnungen erhalten als für die Bauhaus-Ästhetik ihrer individuell maßgeschneiderten »Voll-Werte-Häuser«. Sie sind nicht nur CO_2-neutral und leisten einen aktiven Beitrag zum Klima- und Umweltschutz, sondern garantieren den Kunden auch ein außergewöhnliches Gesundheitsklima. Dass der Anbieter den Sustainability-Gedanken ernst nimmt, zeigt sich schon an seinem Recycling: Da die Ökohäuser auch nach Generationen noch problemlos in den Naturkreislauf zurückgeführt werden können, bietet baufritz als einziges Bauunternehmen ein Rücknahmeangebot. Der ethische Grundsatz, in allen Wertschöpfungsstufen für eine unbelastete Umwelt für Mensch und Natur zu sorgen, kombiniert der Ökohaus-Anbieter mit inneren Werten wie Familienfreundlichkeit, gesellschaftliche Verantwortung und Engagement in verschiedenen in- und ausländischen Hilfsprojekten.

Marken, die den integrierten Wertemix von individuellem Genuss, offenen Werten, ganzheitlichem Blick, konzeptioneller Fähigkeit, Transformation und systemischer Integration herstellen können sowie Zugang, Verbindung und Vernetzung schaffen, werden es in Zukunft leichter haben. Wenn sie darüber hinaus Fakten mit Gefühlen und Instinkten, also kultivierte Intuition, mit der Fähigkeit zur Komplexitätsreduktion (»Simplexity«) sowie mit Ökologie und hohen ethischen Standards vereinen, können sie die Führung übernehmen.

Auch der Gesundheitsbereich entwickelt sich systemisch. So versteht es etwa der Lanserhof in Lans, Tirol, mit einem ganzheitlichen Gesundheitskonzept perfekt, erholungsbedürftige und gesundheitsbewusste Gäste in sein Medizin-, Therapie- und Beauty-Hotel zu locken. Mit dem »Lans MedConcept«, das den Weg in die Medizin der Zukunft aufzeigen soll, erzielt das Hotel mit seinen 70 Mitarbeitern jährlich wachsende Umsatzzahlen und mit 90 Prozent eine überdurchschnittliche Auslastungsrate. Das in Wissenschaft und Forschung aktive Gesundheitszentrum führt klassische Schulmedizin mit traditionellen Heilverfahren zusammen und verwöhnt Gäste mit einer gesunden und dennoch genussvollen Angebotspalette aus sensiblen Diagnosen und Therapien im Bereich der Regenerations- und Präventionsmedizin, kombiniert mit individuellen Sport-, Natur- und Kulturangeboten. Das Leitmotiv von Andreas Wieser, Mitgründer des Hotels, ist es, die »Drohmedizin« zur »Frohmedizin« zu machen. Dabei wird seinen Gästen ein Lebensstil vermittelt, der die individuellen Ressourcen optimiert, bei dem aber auch der Spaßfaktor und lukullische Genüsse aus der hauseigenen »Energy Cuisine« nicht fehlen. Als integraler Ort für Heilung und Kraft, der die Menschen zum eigenen Rhythmus zurückfinden lässt und Körper, Geist und Seele in Einklang bringt, genießt der Lanserhof sowohl wirtschaftlich als auch wissenschaftlich einen guten Ruf.

Das türkise Mem

Die bisher höchste Stufe der gesellschaftlichen Entwicklung wird durch das türkise Mem repräsentiert. Es zielt darauf, wirkliche Ganzheit zu erfahren, ein hohes Bewusstsein zu entwickeln und das Gefühl zu haben, dass alles mit allem vernetzt ist. Dieses Mem drückt sich im Mitgefühl für alle und in der Fähigkeit aus, mit allen kooperieren zu können. Persönlichkeiten wie der Dalai Lama, Mutter Theresa und andere philosophische und spirituelle Führer haben dieses Stadium bereits erreicht. Sie haben die Stufe des integrierten Denkens erklommen, leben dieses Denken vor und geben ihre Erkenntnisse an andere weiter.

Wie die Renaissance der Pilgerwege-Literatur (*Ich bin dann mal weg*), das Wachstum pseudo-spiritueller Plattformen wie etwa Viversum.de oder Wohlfühlmarken wie der Yogitee, die Erlösung konsumierbar imitieren, spielen viele Hersteller mit dem türkisen Mem, ohne es wirklich zu verkörpern. Es ist aber immerhin ein »So-tun-als-ob«, das nachgewiesenermaßen seine Wirkung hat. Diese Entwicklung zeigt sich grundsätzlich im Boom der Esoterikmärkte, deren Anbieter mit sinnvollen Heilkünsten wie etwa dem indischen Ayurveda oder der Traditionellen Chinesischen Medizin, aber auch vielen unsinnigen Angeboten, die Sehnsucht ihrer Anhänger nach physisch wie emotional ansprechenden Produkten und Dienstleistungen bedienen. Insofern stellt die türkise Entwicklungsebene noch ein Feld von Vordenkern und Autoren dar, die persönliches Wachstum in die Welt hinein und nicht von ihr weg versprechen. Es ist eine Ebene, auf der das Ego in die Welt »hineinstirbt«, man eins wird mit ihr und erkennt, dass alles mit allem zusammenhängt. Ob sich auf diesem Niveau Marken jenseits von Gurus bilden lassen, wird man noch sehen. Die Themen kreisen stärker um multidimensionale Erkenntnisse, ökologische und persönliche Interdependenz. Es geht um die Rettung der Erde mit großen Lösungen, um die Weltgemeinschaft jenseits der

Nationalismen und Eigeninteressen. Und auf den Märkten geht es um die Integration von High Tech und High Touch.

Das Spiral Dynamics Modell am Beispiel der Banken

In den letzten 30 Jahren lag der Schwerpunkt des Bankenansatzes sicherlich auf dem Erfolgs-Mem. Stellvertretend dafür steht die Heuschrecken-Mentalität, die in Oliver Stones Spielfilm *Wall Street* beschrieben wird, in dem Gordon Gekko erklärt, es gehe gut, Gewinn zu machen, ohne auf die Konsequenzen für Dritte, insbesondere für die Kunden, Rücksicht zu nehmen. Auch heute ist es ein Irrglaube zu meinen, das Finanzsystem könne von der Wirtschaft unabhängig agieren, ohne dass die in CDOs oder anderen Zertifikaten verpackten und distribuierten Risiken zum Anieter zurückkämen. Dieses Denken und Handeln der Investmentbanker, das Ego-Banking, das im »Positiven« in den hohen Bonuszahlungen und dem Erfolg der Hedgefonds zum Ausdruck kommt, leitet im Wesentlichen das Geldgeschäft und ist im Negativen die Ursache der enormen Schäden im internationalen Bankensystem. Durch das Platzen der Immobilienblase kam das ausschließlich am Eigeninteresse orientierte Gebaren unter Druck, wobei gleichzeitig die Erkenntnis reifte, dass die Finanzströme globalisiert sind und man sie nicht einfach in eine imaginäre Außenwelt versetzen oder von den USA nach Deutschland transformieren kann. Die spontane Reaktion der Kunden auf die Krise war eine emotionale Regression, eine Art Neo-Clanning: Sie wollten ihr Geld in Sicherheit bringen und brachten es bei den Heimat- und Nähe-Banken unter. Vom Zustrom an Neukunden profitierten die Sparkassen, Volks- und Raiffeisenbanken oder die staatlich gebundenen Banken wie beispielsweise die deutsche Postbank, die österreichische PSK-Bank oder Post Finance in der

Schweiz. Die regressive Erholungsphase war notwendig, um Kraft und Mut zu sammeln und zu überlegen, wem man in Zukunft vertrauen will. Dieser Erfolg der Sparkassen, Volks- und Raiffeisenbanken entspricht aber keiner echten Evolution, sondern stellt ein kurzfristiges Profitieren von der emotionalen Sehnsucht nach Sicherheit, Nähe und persönlichem Kontakt dar. Als die Finanzmärkte sich kurz erholten, zeigte sich schnell, dass nach der emotionalen Regression eine strukturelle Regression stattfindet. Es ertönte im Sinne des blauen Mems der Ruf nach mehr Regeln, mehr Ordnung, mehr Autorität und mehr Staat. Und dessen Aufsichtsbehörden für den Finanzmarkt, die BaFin in Deutschland, die FMA in Österreich, die FINMA in der Schweiz und die SEC in den USA, forderten wiederum global gültige Regelungen ein. Wenn man aber Bankgeschäfte sehr stark reglementiert und einschränkt oder Banken zunehmend verstaatlicht, entspricht dies keiner Entwicklung nach vorne, sondern eher einer Unterordnung individueller Egoismen unter ein objektives, rationales Ordnungssystem einzelner Staaten oder der Staatengemeinschaft.

Dafür dürften Finanzprodukte nicht mehr nur kurzfristigen Gewinn versprechen, sie müssten auch einen gesellschaftlichen Beitrag leisten und psychologische Wirksamkeit haben. Solche Produkte sind nicht zuletzt die Mikrokredite der Grameen Bank oder die auf erneuerbare Energien zugeschnittenen Investmentangebote. Um wirklich nachhaltiges Banking zu betreiben, müsste über die Produktpolitik hinaus die gesamte Geschäftspolitik auf eine integrierte Teilhaberschaft ausgerichtet werden, damit der dreifache Gewinn erreicht werden kann. Ein gutes Beispiel dafür liefert wiederum die GLS Bank, deren Geldanlagen-, Finanzierungs- und Beteiligungsangebot den Kunden neben Gewinn auch Sicherheit und Sinn verspricht. Mit den Kundengeldern finanziert die »Gemeinschaftsbank für Leihen und Schenken« ausschließlich sozial, ökologisch und kulturell zukunftsweisende Unternehmen und Projekte, zu denen traditionell Waldorfschulen und Demeter-Bauernhöfe gehörten, ein Aktivitätsbereich, der im Laufe der Zeit auf die unterschiedlichsten Nachhaltigkeitsprojekte wie etwa regenerative Energien sowie ethisch-ökologische Investmentanlagen ausgedehnt wurde. Die GLS Bank, deren Beteiligungstochter zu den Pionieren in der Windkraft-Finanzierung gehört, verfügt über ein weltweites Partner-Netzwerk im Nachhaltigkeitssektor und glänzt mit einem kontinuierlich wachsenden Kundenstamm. Interessant ist, dass sich trotz der positiven Zukunftsaussichten bis auf wenige kleine Nischenmarken wie die oben genannte GLS Bank oder die quirin bank als erste Honorarberaterbank in Deutschland noch kein großer Player dem Gedanken des nachhaltigen kundenzentrierten Banking verschrieben hat. Dagegen versuchen sie im Ego-Banking noch so lange wie möglich erfolgreich zu bleiben oder – wie es die Volksbanken, Sparkassen und Raiffeisenbanken in Deutschland tun – von ihrer Filialdichte und Nähe zum Kunden sowie von ihrer politischen Integration zu profitieren. In ihrer Werthaltung entsprechen am ehesten die Volks- und Raiffeisenbanken durch ihre genossenschaftliche Idee der Hilfe zur Selbsthilfe, der Subsidiarität und der Gründungsidee von Wilhelm Raiffeisen dem »grünen« Nachhaltigkeitsgedanken. Im Gegensatz zu Raiffeisen, der die Menschen durch Ernährung, Bildung und das Beschaffen finanzieller Mittel unterstützen und befähigen wollte, geht es heute darum, Gewinne zu machen, dabei aber Verantwortung für den Einzelnen, die Gemeinschaft und die Natur zu übernehmen. Dies sollte sich allerdings nicht nur in Werbesprüchen oder Stiftungen jenseits des klassischen Banking-Geschäfts, sondern eben auch innerhalb des Produkt- und Leistungsangebots ausdrücken. So kann man durchaus einen Fonds auflegen, der von den Weltmärkten profitiert, er sollte aber einen Teil des Ausgabeaufschlags oder der Gebühren für soziale Zwecke nutzen, um beispielsweise eine lokale Kindertagesstätte zu unter-

2. Wohin die Reise geht: Der gesellschaftliche Wandel

stützen, so dass der Kunde das Gefühl hat, neben dem ökonomischen auch einen sozialen Gewinn zu machen und diesen im besten Fall mit ökologischem Gewinn zu verbinden. Während viele große Finanzinstitute ihre Sponsoring-Aktivitäten noch auf massentaugliche Sport- und Kulturaktivitäten fokussieren, engagieren sich immer mehr Online-Banken und Kreditplattformen auf der Basis ihrer alternativen Geschäftsmodelle in Projekten, die sozialen, ökologischen oder ethischen Mehrwert schaffen. Die Speerspitze der Banking-Entwicklung, die heute sehr zarte Blüten sprießen lässt, basiert auf dem integralen Denkansatz des gelben Mems, der offenen Plattformen, der Eigenverantwortung und der Idee, sich im Sinne einer Gemeinschaft gegenseitig Geld zu leihen, sich Finanztipps zu geben und insgesamt ein Banking ohne Bank zu ermöglichen. Vorhandene Marken sind hierzu die privaten Peer-to-Peer-Kreditplattformen Zopa in Großbritannien oder auch Prosper in den USA, denen im schwierigeren deutschen Umfeld der Online-Kreditvermittler Smava folgte. Im Bereich des Social Lending, einer Art privater Kreditbörse, werden Nutzer zu Bankern, die an Freunde oder Dritte direkt Kredite vergeben. Darüber hinaus gibt es sogenannte Social Banks wie in Deutschland die Fidor Bank, die im April 2009 die Vollbanklizenz erhielt. Für ihr Fidor Community Banking-Programm hat sie mehrere selbstentwickelte Web 2.0 Finance Communities und Plattformen zusammengeführt, die es Kunden erlauben, mit anderen Banking-Teilnehmern in Kontakt zu treten. Neben banküblichen Produkten und Services bietet die Mitmach-Bank umfassende Finanzinformationen, die sie mit Foren, Bonusprogrammen und für die Community vorteilhaften weiteren Features verknüpft. Zu den sozialen Finanz-Netzwerken gehört auch die Wohltätigkeitsorganisation Kiva. Der 2004 in San Francisco gegründete Pionier im Bereich des P2P Microlending ermöglicht es Plattformbesuchern, Mikrokredite direkt an ein selbst ausgesuchtes Kleinunternehmen in Entwicklungsländern zu vergeben und schafft damit Lebens- und Arbeitsperspektiven für Arme. Folgende Grafik zeigt auf den ersten Blick, wie sich Branchenschwerpunkte und die dazu gehörigen Marken unter Veränderungsdruck bewegen können und wo es lediglich regressive Scheinsiege gibt, die nichts mit sozialem Unternehmertum zu tun haben.

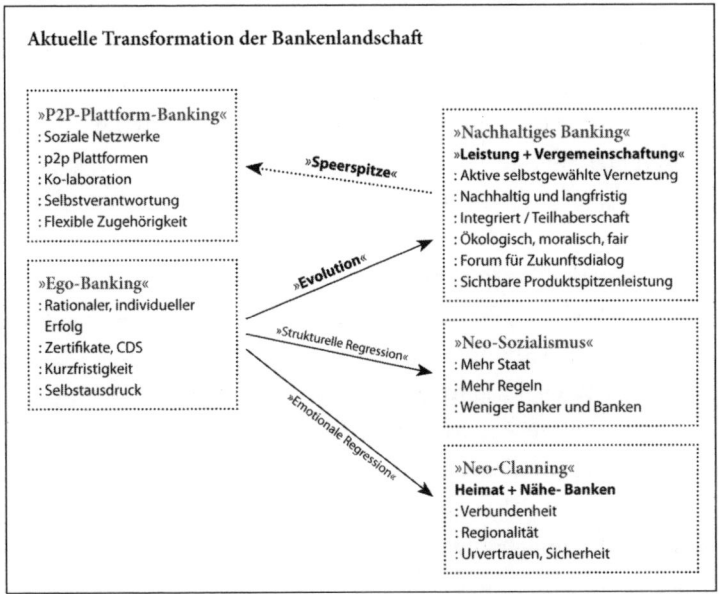

Indessen entwerfen die Vorreiter im Banking eine ganz klare Perspektive, wie die Entwicklung für sie selbst, für ein Unternehmen und eine Marke aussehen kann. Die Dynamiken des gesellschaftlichen Wandels mit Unternehmen und Marken zum eigenen Vorteil zu verknüpfen, dafür liefert das Spiral Dynamics Modell effektive Unterstützung.

Übung: Wo steht Ihr Unternehmen, Ihre Marke?

Wenn Markensysteme oder Geschäftsmodelle mit ihrem Leistungs- und Werteschwerpunkt nach der Spirale bewertet werden, gilt es zu beachten, dass alle Stufen, die unterhalb des erreichten Niveaus liegen, prinzipiell zu reaktivieren sind. Zum Beispiel kann man den Gründungsmythos wiederbeleben und geht dafür auf das rote Mem (Dominanz) zurück, einen höheren Sinn auf der Ebene des blauen Mems (Wahrheit) neu entdecken oder im Rückgriff auf das purpurne Mem (Stamm, Mythos) die Gemeinschaft durch Markenrituale stärken. Dagegen lassen sich Stufen nach oben nicht überspringen, sondern nur über Spitzenleistungen und echte Wertetransformation erarbeiten.

- Wo auf der Mem-Spirale stehen Sie mit Ihrem Unternehmen und Ihrer Marke heute?
  - Welches Wertsystem herrscht in Ihrem Unternehmen (offiziell und real)?
  - Welches Mem-Spiel spielen Sie im Unternehmen?
  - Welche Art von Bedürfnis und Knappheit sprechen Sie bei Kunden an?
  - Auf welcher Ebene unterscheiden Sie sich?
- Welche ungenutzten Meme wollen Sie in Zukunft ansprechen?
  - Gibt es ungenutzte regressive Levels zur Stärkung der unbewussten Schichten ihrer Marke?
  - Wie vermitteln Sie ihre vorhandenen Werteebenen besser von innen nach außen?
  - Auf welchen Mem Ebenen positionieren sich die Wettbewerber, wo liegen die Lücken?
  - Welche Meme motivieren und binden Ihre Kunden, die Sie in Zukunft besetzen können?

- Welches nächste Level wollen Sie sich in den (dafür erforderlichen) nächsten fünf bis zehn Jahren erarbeiten?
- Wie erarbeiten Sie sich mit Ihren Kollegen das Metabe-
  wusstsein der gelben (integralen) und türkisen (ganzheitlichen) Ebene?

Guter Kapitalismus, gute Unternehmen, gute Marken

Unsere gesellschaftlichen Diskussionen zeigen, dass wir uns auf
dem Sprung befinden von den wissenschaftsorientierten egoistischen, aber auch sehr machtorientierten Memen des Rot, Blau
und Orange und dem menschlichen antikapitalistischen grünen
Mem auf die nächste integrale Mem-Stufe Gelb und Türkis, in
der die Menschen konstruktiv versuchen, individuellen Erfolg mit
der Übernahme sozialer Verantwortung zu verknüpfen und sich
der nachhaltigen Konsequenzen ihres Handelns bewusst sind.
Gleichzeitig gibt es aber auch schon eine gesellschaftliche Avant-
garde, die bereits auf der zweiten Schicht agiert. Menschen, die
den Sprung vom gelben zum türkisen Mem geschafft haben, sind
insbesondere in den hochgebildeten jungen Schichten zu finden.
So sehen sich viele der nach 1980 Geborenen schon als lernender
Teil einer fließenden, komplexen Welt. Und auch die Digital Natives, die im Zeitalter der Informationsgesellschaft aufgewachsen
sind, bringen ihre individuellen Wünsche problemlos mit dem
Gruppensinn in Einklang, so lange es ihnen etwas bringt.

Wissenschaftler aus verschiedenen Fachbereichen führen den
Ursprung des »guten« Kapitalismus auf die neokonservative Bewegung in den USA der 1970er Jahre zurück. Wie bei allen tiefgreifenden gesellschaftlichen Veränderungen brauchte es allerdings seine Zeit, bis daraus der »Conscious Capitalism« von heute
entstehen konnte. Und es brauchte starke Vordenker wie John

Mackey, der damals die Bio-Supermarktkette Whole Foods Market gründete und sie zum Vorzeigeunternehmen entwickelte. Deren wirtschaftlicher Erfolg beruht letztlich auf einem alternativen Geschäftsmodell und stand Pate für die heutige Conscious Capitalism-Bewegung. Drei Schlüsselelemente prägen den ganzheitlichen Ansatz bewusster Unternehmer: der tiefere, über dem Gewinndenken stehende Sinn, die Berücksichtigung aller Stakeholder und eine ganzheitliche Unternehmensführung.

Das Wachstum der kreativen Klasse zeigt, dass sich schon viele Menschen aufgemacht haben, den großen Graben zu überwinden. Sie wollen Erfolg haben und dabei der Gesellschaft gleichzeitig etwas Gutes zu tun. Sie führen Profit mit Gesellschaft und Ökologie zusammen zu einem integrierten Wirtschaftsverständnis: dem dreifachen Gewinn von People, Planet, Profit. Die Vordenker und Vorbilder, die alle Dimensionen der Nachhaltigkeit erfüllen und dabei gute Gewinne erwirtschaften, überzeugen Shareholder wie Stakeholder dadurch, dass sie Profitabilität und Rentabilität mit neuer Verantwortung vereinbaren. In ihre Entscheidungen fließen auch frühere Erfahrungen und traditionelle Werte wie Innovationsgeist, Durchhaltevermögen und Mut zum Risiko mit ein. Sie denken kurz- und langfristig, mischen fachliche mit sozialer Kompetenz und kreative mit emotionaler Intelligenz. Erfolgreiche Führungskräfte besitzen die Fähigkeit, Probleme als komplexes Ganzes von höherer Ebene aus zu betrachten und dabei innovative Lösungen zu entdecken, die einfach sind. Sie denken »integriert« und »simplex« zugleich. Damit passen sie sich nicht nur gegenwärtigen Bedürfnissen an, sondern ahnen kommende Trends voraus. Sie bieten Marken an, die relevant sind und die Zeitenwende reflektieren, und erzeugen dadurch neue, für die Zukunft besser geeignete Kundenwünsche. Mit ihrem Erfolg durchdringen sie die Märkte und eröffnen damit die Chance, das neue Bewusstsein in unserer ganzen, konsumverwöhnten Gesellschaft zu verbreiten. Sie und ihre guten Unternehmen sind es, die den Versuch wagen, das gesamte Wertespektrum der Spiral Dynamics in ihre Marken aufzunehmen und daraus »gute Marken« zu entwickeln, die als solche am Markt erlebbar sind.

3. Das integrale Level: Das Denken der Gewinner von morgen

Was genau heißt nun integrales Denken, welche Werte stehen auf dieser Ebene im Vordergrund und welche Denk- und Verhaltensweisen wirken prägend? Welches sind die Wesensmerkmale und Kompetenzen eines Menschen, der auf dieser Stufe zweiter Ordnung des gelben und türkisen Mems angelangt ist, speziell die eines Verantwortlichen, einer Führungskraft in der Wirtschaft? Wie Denken nun diese Gewinner von morgen, wie denkt eine integrierte Führungskraft?

Metaperspektive mit Selbstreflexion

Menschen mit einer bereits ausgebildeten höheren Weltsicht sind in der Lage, alle darunter liegenden Ebenen samt der entsprechenden Verhaltensweisen, Wünsche und Ängste zu erkennen, diese zu nutzen und sinnvoll zu integrieren. Sie wissen um die egoistische Ich-Perspektive, können sich aber auch in ihr Gegenüber einfühlen und dabei objektiv die Perspektive einer dritten Person einnehmen, die sie jedoch nicht als absolute Weltsicht betrachten, sondern als eine von vielen möglichen Wahrheiten. Sie schaffen es, die vier vorgelagerten Perspektiven in ihr Denken zu integrieren und auf der fünften Ebene, der Metaperspektive, einen Sinn zu verleihen, um so beispielsweise ein vorhandenes Problem zu lösen.

Flexibler Zugang zu allen Levels

Diese metaperspektivische Sichtweise befähigt Menschen, ihre Sprache, ihr Verhalten und ihr Einfühlungsvermögen auf ihr Gegenüber einzustellen. Damit können sie andere erreichen, sie in ihrer jeweiligen Entwicklungs- und Lebenssituation unterstützen und gegebenenfalls in ihrem Wandel fördern. Diese Fähigkeit ist vor allem in Übergangs- und Umbruchzeiten wichtig, wenn regressive Tendenzen sich breit machen, der verstärkte Hang zu Status, Heimat und sozialen Beziehungen den Veränderungswillen blockieren. Aus diesem Grund bedarf es Menschen, die auf einem integralen Niveau in der Lage sind, sich flexibel den gegebenen Umständen und den Denkweisen dieser Menschen anzupassen und sie zu unterstützen.

Funktionales Flow-Denken

Im Kern geht es einem Menschen, der bereits ein integrales Denken erreicht hat, darum, an seiner eigenen Entwicklung weiter zu arbeiten und den angestrebten Evolutionsprozess nach eigenen Vorstellungen und Verfahrensweisen zu gestalten. Andererseits ist er in der Lage, verschiedene Systeme und Elemente so miteinander zu verknüpfen, dass seine und die Ziele des Unternehmens verwirklicht werden. Als eine Art virtuoser Kontextpartisan versteht er es, sich in verschiedene Denksysteme, Modelle und Expertisen einzudenken, aber auch Experten aus verschiedensten Bereichen für seine Ziele und Ideen zu begeistern und sie so zu integrieren, dass ein komplexes Problem erfolgreich gelöst werden kann.

Sinn und Bewusstsein im Handeln

Menschen auf diesem hohen Entwicklungsniveau geben sich ihren eigenen Sinn. Es fällt ihnen jedoch schwer, in fest gefügten Rollen zu agieren und Autoritäten oder religiösen Anschauungen zu folgen, die nicht hinterfragt werden dürfen. Solche Menschen besitzen eine hochentwickelte Reflexion (die ihnen manchmal auch im Wege stehen kann), und arbeiten dann mit höchster Motivation, wenn sie Dinge tun, die sie für sinnvoll halten. Nur über das Empfinden von Sinn bringen sie leidenschaftliche Leistung und erfahren in ihrem Handeln höchste Befriedigung.

Verantwortungsvolle Lebensqualität

Natürlich sind Menschen mit integralem Bewusstsein keine selbstlosen, empathischen Götter. Auch ihnen geht es darum, ihre eigene Lebensqualität zu erhöhen, allerdings tun sie das mit höchster Wertschätzung ihrem Umfeld gegenüber. Sie stellen eine Art Soft-Individualisten dar, die sich in all ihrem Tun selbst zu verwirklichen suchen und sich dabei immer als Teil eines sozialen und ökologischen Umfelds sehen. Sie streben persönlichen Gewinn nicht auf Kosten ihrer Umgebung oder der natürlichen Ressourcen, sondern im harmonischen Zusammenspiel mit ihnen an.

Weltzentriertheit

Menschen mit integriertem Bewusstsein fühlen sich prinzipiell mit der Welt und all ihren Menschen verbunden, sie stellen globale gesellschaftliche Lösungen in den Fokus und machen sie zu ihrem Lebensziel. Es geht ihnen darum, das globale Wohl durch das Handeln der Einzelnen möglichst stark zu fördern. Diese moralische Dimension ist von besonderer Bedeutung, da die wesentlichen Probleme unserer Gesellschaft meist auf einem einzigen Zwiespalt beruhen: der Imbalance von technologischen Geschäftsmöglichkeiten und eingeschränkter Moralfähigkeit. In Bezug auf den Technologiestand agieren wir heute auf weltweit höchstem Niveau, gleichzeitig ist unsere Moral im egozentrischen oder bestenfalls im ethnozentrischen Umfeld stehen geblieben: Hauptsache uns selbst, unserer Familie, unserem Volk und unserer Firma geht es gut. Auf diese Ambivalenz zwischen Opportunismus und Moral sind im Prinzip unsere größten Probleme – die Finanzkrise, Wirtschaftskrisen, Armut und Klimawandel – zurückzuführen.

Empathie

Die Fähigkeit, alle Entwicklungsniveaus zu berücksichtigen, vielfache Win-Win-Situationen zu erreichen und Handeln einen Sinn zu geben, zeugt natürlich von einem Höchstmaß an Empathie und Einfühlungsvermögen. Beides befähigt die integriert denkenden Menschen zum einen, sich in andere einzufühlen, sie zu fördern und zu entwickeln. Das umfassende Mitgefühl, das sie im besten christlichen, aber auch buddhistischen Sinne entwickeln, versetzt solche Menschen zum anderen in die Lage, persönliche, gesellschaftliche oder unternehmerische Veränderungen in ihrer Notwendigkeit zu erkennen und den erforderlichen Anpassungsprozess mit Wertschätzung zu begleiten und zu gestalten.

Integration der Gegensätze

Eine wesentliche Eigenschaft von Intelligenz ist es, scheinbar unlösbare Widersprüche in sich aufzulösen, zu transzendieren und zu integrieren und damit Lösungen auf höherem Niveau zu erreichen. Dafür liefert Apple ein gutes Beispiel: Dort haben die

Manager es verstanden, Komplexität durch eine wunderbar ästhetisch designte, intuitive Benutzeroberfläche simpel steuerbar zu machen. Das Apple iPhone erlaubt es uns, die Komplexität unseres Lebens mit Fingerbewegungen elegant und widerstandslos zu steuern. Dadurch stellt es ein »simplexes« Tool dar, das Komplexität nicht verneint, sondern sie auf der Oberfläche einfach und intuitiv bedienbar macht. Wenn also Manager in der Lage sind, die scheinbar unlösbaren Probleme und Paradoxien unseres Lebens zu integrieren und zu lösen, besitzen sie ein hohes Zukunfts-, Erfolgs- und Differenzierungspotenzial.

WIN-WIN-WIN

Das strategische Spiel integraler Menschen besteht darin, anstatt eines einfachen ein vierfaches Win-Win-Spiel zu spielen, das heißt auch ihren Kunden oder Partnern Nutzen und Mehrwert zu stiften, damit diese sich positiv entwickeln können. Als Gegenleistung erwarten sie Einkommen, Wertschätzung und Entwicklungsmöglichkeiten. Es ist ihr Wunsch, nicht nur ihr eigenes Ziel und das ihres direkten Umfeldes zu erreichen, sondern darüber hinaus sowohl die Gesellschaft und deren Entwicklung als auch den Erhalt positiver ökologischer Rahmenbedingungen zu fördern. Daraus entsteht ein Win-Win-Win-Verhalten, das aktiv oder passiv für alle Beteiligten mehr Prosperität bedeutet.

Postparadigmatisch

Integriertes Denken findet jenseits klassischer Schablonen wie Kommunismus und Kapitalismus, Achse des Guten und Achse des Bösen, Fundamentalismus und Rationalismus oder anderen »Ismen« statt. Solche zeitgebundenen und überholten Absolutismen werden ersetzt durch eine multiperspektivisch angelegte

Sichtweise, die selbst sich widersprechende Theorie- und Praxismuster erfasst und im Idealfall zu einer Synthese in Form neuartiger Entwicklungen führt. Maßgabe ist, dass die erzielten Lösungen stimmen, denn wie wir wissen, kommt in einer globalisierten Welt jede Handlung auf uns selbst zurück.

Konsequenzen für Unternehmen, Marken und Management

In den hochentwickelten Gesellschaften wird sich, wie bereits erwähnt, das integrale Bewusstseinsniveau durch die neue Generation der Millenials, die kulturell kreative Klasse und die zunehmende Vernetzung der Menschen über das Internet durchsetzen. Allein in den letzten zehn Jahren hat sich die Anzahl integral denkender und handelnder Menschen bereits verdoppelt. Nun geht es darum, sie miteinander zu vernetzen und damit in die Lage zu versetzen, effektiver und effizienter für die Gesellschaft, für ihre Unternehmen und Marken, aber auch für die Welt tätig zu werden und dabei die gesamte gesellschaftliche Entwicklung zu fördern – oder wie es Don Beck ausdrückt, für die »Gesundheit der Spirale« zu sorgen.

Übung: Der integrale Bewusstseinstest
Der Test soll Ihnen helfen, herausfinden, welche der genannten Fähigkeiten Sie heute schon in den Dienst Ihrer Kunden, Ihrer Mitarbeiter, der Gesellschaft und der Welt stellen, welche Sie noch konsequenter in Ihren Alltag integrieren und an welchen Punkten Sie in den nächsten Monaten und Jahren systematisch arbeiten können, um eine integrierte und bewusster lebende Persönlichkeit werden.

- Gehen Sie die zehn Punkte noch einmal in Ruhe durch und prüfen Sie, welche der Merkmale Sie heute schon bewusst leben.
- Stellen Sie fest, welchen der zehn Eigenschaften Sie auch in Ihren ganz alltäglichen Verhaltensweisen entsprechen.
- Versuchen Sie für sich zu klären, welche der Merkmale Sie nur in ganz wenigen Situationen oder Zuständen und welche Sie überhaupt noch nicht erreichen.

An der eigenen Entwicklung zu arbeiten und die dadurch erworbenen Fähigkeiten in den Dienst anderer zu stellen, ist in allen Gesellschaften und Weltanschauungssystemen das größte Ziel, das ein Mensch überhaupt haben kann. Anders und prägnanter ausgedrückt in Abraham Maslow Worten: »What man can be, man must be.«

Wie dieses Denken zunehmend die Wirtschaft verändert und nachhaltig ökonomischer Erfolg über die Befriedigung der sozialen Bedürfnisse der Kunden, der Gesellschaft und den gleichzeitigen Erhalt der ökologischen Rahmenbedingungen für die zukünftigen Generationen gelingt, also einen dreifachen statt einem einfachen Gewinn erzeugt zeigt bereits die Praxis in vielen Bereichen.

4. Der dreifache Gewinn: People, Planet, Profit

In den letzten fünf bis zehn Jahren, verstärkt seit der Wirtschaftskrise 2008, erlebt der Begriff der Nachhaltigkeit in vielen Varianten und Ausprägungen eine Renaissance. Auf der einen Seite boomen die staatlich geförderten erneuerbaren Energien, auf der anderen Seite hält die Nachhaltigkeit unter dem Label »Bio« Einzug in fast alle Branchen. Von wieder aufgewerteten Wochenmärkten bis hin zum Bio-Label von Aldi schlägt sich die Sehnsucht nach nachhaltigen Produkten vor allem in den Lebensmittelangeboten nieder. So breit das Angebot an sogenannter Nachhaltigkeit, so verschiedenartig ist allerdings auch Auffassung und Gebrauch des Schlagworts.

Der Begriff der Nachhaltigkeit geht zurück auf den sächsischen Oberberghauptmann Hans Carl von Carlowitz, der in seinem 1713 erschienen Lehrbuch der Forstwirtschaft zum Wohle des ganzen Landes eine »nachhaltende Nutzung« des Waldes forderte. Über die Jahrhunderte stand der Begriff für ein rein forstwirtschaftliches Prinzip, bis er 1972 in dem ersten Report über *Die Grenzen des Wachstums*, den Dennis Meadows dem Club of Rome vorlegte, eine Erweiterung (im heutigen Sinne) erfuhr und im Brundtland-Report der Weltkommission für Umwelt und Entwicklung, die bis heute gültige Definition 1987 erhielt: »Nachhaltig ist eine Entwicklung, die den Bedürfnissen der heutigen Generation entspricht, ohne die Möglichkeiten künftiger Generationen zu gefährden, ihre eigenen Bedürfnisse zu befriedigen und ihren Lebensstil zu wählen.« Lange Zeit wurde diese Definition nicht wirklich in bestehende Geschäftsmodelle integriert. Das von

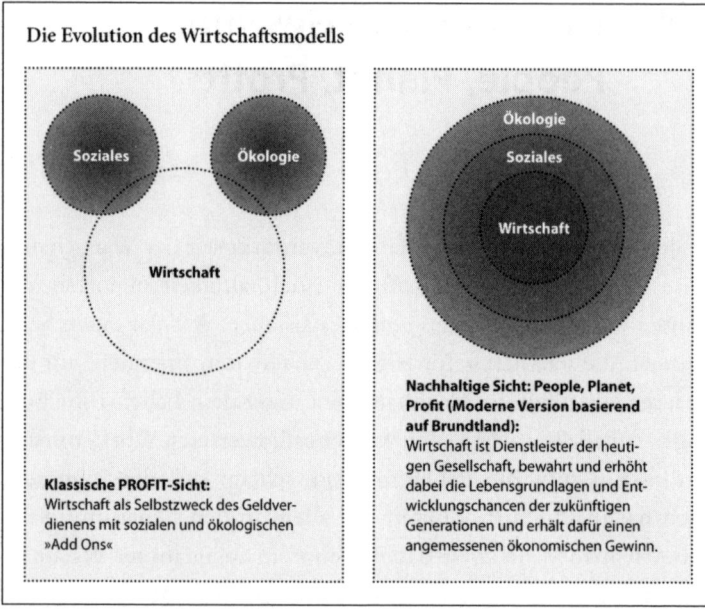

Die Evolution des Wirtschaftsmodells

Soziales

Ökologie

Wirtschaft

Ökologie

Soziales

Wirtschaft

Klassische PROFIT-Sicht:
Wirtschaft als Selbstzweck des Geldverdienens mit sozialen und ökologischen »Add Ons«

Nachhaltige Sicht: People, Planet, Profit (Moderne Version basierend auf Brundtland):
Wirtschaft ist Dienstleister der heutigen Gesellschaft, bewahrt und erhöht dabei die Lebensgrundlagen und Entwicklungschancen der zukünftigen Generationen und erhält dafür einen angemessenen ökonomischen Gewinn.

Non-Profit-Organisationen, sozialen Netzwerken und Nachhaltigkeitsplattformen geforderte Denken wird auch heute nicht von allen gelebt, sondern oft nur als Add-on des eigentlichen Geschäftszwecks genutzt. Als eine Definition der ersten Ordnung konnte sie somit auch nicht Kern eines integrierten GOOD Business-Verhaltens sein. Erst in den letzten Jahren ist eine weltweite Nachhaltigkeitsformel entstanden, die es auch Unternehmern ermöglicht, nachhaltiges Denken systematisch in die Unternehmensführung zu integrieren.

Gewinn aus Nachhaltigkeit

Bei der »Zauberformel« des 21. Jahrhunderts »People, Planet, Profit« geht es nicht nur um die Balance von ökonomischen, sozialen und ökologischen Herausforderungen und Bedürfnissen. Es geht darum, dass sich die Wirtschaft als Teilmenge eines ökologisch-sozialen Umfelds versteht. Das heißt, als Problemlöser und Dienstleister der Gesellschaft ist sie dazu da, deren Bedürfnisse zu befriedigen, Nutzen zu stiften, Lösungen für ihre Probleme anzubieten und dabei die Lebensgrundlagen für alle zu bewahren oder im besten Fall sogar zu erhöhen, um damit die Entwicklungschancen zukünftiger Generationen zu stärken. Und natürlich erhält sie dafür einen angemessenen ökonomischen Gewinn. Diese integrierte Definition mit dem dreifachen Gewinn bietet eine völlig neue Sicht auf das Thema Nachhaltigkeit.

Unternehmerischer Geschäftszweck ist also nicht, Geld zu verdienen, sondern der Gewinn ist die Folge einer Bedürfnisbefriedigung, eine Problemlösung, eine Dienstleistung für das Umfeld, die Gesellschaft. Gewinnerzielung steht insofern nicht im Fokus eines integrierten Unternehmertums. Sondern die Herausforderung besteht darin, soziale und ökologische Probleme durch geeignete unternehmerische Angebote zu lösen. Diese Idee in ein wirtschaftlich effektives und effizientes Geschäftsmodell zu integrieren, bringt ökonomischen Gewinn.

Diese Ansicht räumt zugleich mit der linken Mär auf, dass Gewinn schlecht und Geldverdienen ein Werk des Teufels ist. Ganz im Gegenteil: Ein angemessener Gewinn, der infolge sozialökologischen Handelns entsteht, ist notwendig, um unser gesellschaftliches System am Laufen zu erhalten, wobei im Sinne eines »Survival of the Fittest« die besseren und gesünderen Unternehmen mehr Profit erwirtschaften als diejenigen, die weniger gute Lösungen anbieten.

GOOD-CAPITALISM ermöglicht dreifachen Gewinn

Soziales
PEOPLE

Ökologie
PLANET

Wirtschaft
PPROFIT

WIN-WIN-WIN
Wirtschaft ist Dienstleister der heutigen
Gesellschaft, bewahrt und erhöht dabei die
Lebensgrundlagen und Entwicklungschancen
der zukünftigen Generationen und erhält dafür
einen angemessenen ökonomischen Gewinn.

Die klassischen Nachhaltigkeitsdefinitionen und Denkmuster reduzieren sich noch stark auf Ressourcenschonung und auf Verzicht. Dagegen bedeutet die hier vorgestellte Definition ein auf die Zukunft ausgerichtetes unternehmerisches Leitmotiv: Es sollen Geschäftslösungen entwickelt werden, die bestehende Ressourcen und Entwicklungschancen erhalten und durch weitere

Maßnahmen wie etwa Bildung erhöhen. Es geht hier also um eine Art gestalterische Nachhaltigkeit und keineswegs um eine Nachhaltigkeitsdefinition, die der Verzichtslogik unterworfen ist.

Unternehmerisch ergeben sich aus dieser Sicht sehr viele Möglichkeiten: Unternehmen können neue Märkte erschließen – sei es durch Hightech- oder Lowtech-Lösungen Sie können bestehende Produkte mit sozialökologischem Mehrwert stärken, neue Kundengruppen gewinnen und die besten Mitarbeitertalente anziehen.

Auf dieser Grundlage kann das Prinzip »People, Planet, Profit« folgendermaßen definiert werden:
Die Wirtschaft ist Teil und Dienstleister der Gesellschaft mit ihren Kundenbedürfnissen und lebensweltlichen Herausforderungen. Sie bewahrt und erhöht dabei die Lebensgrundlagen und Entwicklungschancen der zukünftigen Generationen und erhält dafür einen angemessenen ökonomischen Gewinn.

Die GOOD Business-Prinzipien

Ausgehend von der Definition integrierter Nachhaltigkeit ergeben sich zehn Kriterien, die ein echtes GOOD Business-Unternehmen erfüllen muss.

1. Zweck außerhalb des reinen Gewinnstrebens

Ein GOOD Business-Unternehmen versteht sich als Teil der Gesellschaft mit den unterschiedlichen Milieus, Segmenten, Gemeinschaften und Problemstellungen, der dazu da ist, diese Probleme zu lösen. Konkret: Ärzte sind dazu da, Menschen zu heilen, Feuerwehrmänner, um Feuer zu löschen und Leben zu retten.

Analog dazu sind Banken dazu da, die Träume ihrer Kunden verwirklichen zu helfen. Unternehmen sind dazu da, in ihrem Segment etwas zu schaffen, das die Lebensqualität erhöht und ihren Kunden ein besseres Leben ermöglicht. Oft findet sich der Sinn in gut definierten Mission-Statements oder Unternehmensleitbildern wieder. Jedoch sind diese in den letzten Jahren zu Kommunikationsgirlanden, leeren Worthülsen oder verkaufsbezogenen Shareholder-Gewinndefinitionen verkommen und bieten somit weder für das Management und die Mitarbeiter noch für die Gesellschaft einen wirklichen Sinnbezug jenseits des Gewinnsteigerns. Ein starkes Leitbild definierte etwa die GLS Bank, die für »die Verbindung von Sinn, Gewinn und Sicherheit« steht. Mit dem Ziel, verantwortungsbewusst mit den Kundengeldern umzugehen, so dass Mensch und Natur mit auf der Gewinnerseite stehen, gibt sie gleichzeitig auch ihren eigenen Beschäftigten Sinn. Dem Geschäft von Whole Foods Market liegt ein gesellschaftliches Leitmotiv zugrunde: »Our Company mission is to promote the vitality and well-being of all individuals by supplying the highest quality, most wholesome foods available.« Im Geschäftsbericht 2008 wird die Kernbotschaft um den Nachhaltigkeitsgedanken erweitert: »Our core mission is devoted to the promotion of organically grown food, food safety concerns and the sustainability of our entire ecosystem.«

- Haben Sie einen Unternehmenszweck außerhalb des Geldverdienens definiert und leben Sie danach?
- Ist er an alle Mitarbeiter kommuniziert, einfach verständlich und für diese attraktiv und handlungsleitend?

2. Integrierte Stakeholder-Sicht

Ein GOOD Business-Unternehmen integriert verschiedenste Bezugssysteme und versucht, allen Beteiligten einen nachvollziehbaren Nutzen zu stiften – den Mitarbeitern, den Kunden, der Gesellschaft, den Eigentümern und der Ökologie. Im Gegensatz dazu wurde in den letzten 25 Jahren der Shareholder, Investor oder Eigentümer in den Vordergrund gestellt und deren Wunsch nach Wertsteigerung alles untergeordnet. Betrachtet man das Ganze aber unter dem Aspekt, dass alles mit allem zusammenhängt, ist es entscheidend, sich in Ruhe mit den Geschäftsleitungsmitgliedern oder den Leistungsträgern zusammenzusetzen und eine Stakeholder-Analyse zu machen. Nur auf dieser Basis lässt sich klären, wie man mit seinem Geschäftszweck für alle Beteiligten nachvollziehbaren und messbaren Nutzen stiften und daraus eine entsprechende Wertschätzung in Form von Motivation bei Mitarbeitern, Begeisterung und Weiterempfehlung bei Kunden erreichen kann. Dabei kommt auch über die Förderung der Lebensgrundlagen für die eigenen Kinder und die damit verbundene gesellschaftliche Akzeptanz ein Zusatznutzen zurück.

* Haben Sie bereits eine saubere Stakeholder-Übersicht mit entsprechenden Nutzenversprechen und erbrachten Leistungen erstellt?

3. Differenzierte Wertschöpfung

Für GOOD Business-Unternehmen reicht es nicht aus, ihr Steuerungssystem nach finanziellen Kennzahlen wie Economic Value Added (EVA) oder Return on Investment (ROI) auszurichten. Es muss auch ein Kennzahlensystem aufgebaut werden, das über die »Bottom Line« von Profit und finanzieller Performance hinausgeht und Faktoren wie etwa klassische Human Ressources-Kennzahlen, Wertschöpfungsstandards, Umwelt- und Ressourcen-Indices oder die Höhe von Stiftungen und Spenden mit berücksichtigt. Erst ein »Triple Bottom Line Reporting« erfasst neben dem ökonomischen auch den gesellschaftlichen und ökologischen Nutzen, macht ihn messbar und damit steuerbar. Nur wenn ein solches individuell definiertes Leitsystem vorliegt, ist die Unternehmensführung in der Lage, entsprechende Ziele und Aktivitäten zu entwickeln und diese auch langfristig aufrechtzuerhalten. Während Sustainability Reports in Großbritannien und Japan bereits voll etabliert sind, erstellen dem »KPMG-Handbuch zur Nachhaltigkeitsberichterstattung 2008/09« zufolge erst rund die Hälfte der 100 umsatzstärksten Unternehmen Deutschlands einen Nachhaltigkeitsbericht. Dabei nutzen 63 Prozent – und 85 Prozent der Dax 30-Unternehmen – den Leitfaden der »Global Reporting Initiative« (GRI-Leitfaden) zur Nachhaltigkeitsberichterstattung, in dem sämtliche Leistungsindikatoren aufgelistet sind. Während ökonomische Kennzahlen seit langem zum Standardrepertoire von Accounting- und Controlling-Abteilungen gehören, ist das Erfassen von ökologischen und sozialen Kennzahlen noch mit Risiken und Lücken verbunden – vor allem dann, wenn ausländische Hersteller in die Liefer- und Leistungskette eingebunden sind. GOOD Business-Unternehmen, die das Sustainability Reporting bereits betreiben, sollten auch daran denken, dass dieses Kennzahlensystem kontinuierlich neu bewertet und Nachhaltigkeitsstrategien auf ihre Zielerreichung hin überprüft werden müssen.

- Haben Sie bereits ein solches Kennzahlensystem für Ihr Unternehmen ausgearbeitet?
- Haben Sie dabei die weichen People-Planet-Profit-Dimensionen hart definiert?

4. Langfristperspektive

GOOD Business-Unternehmen denken in Generationen und nicht in Quartalen. Natürlich muss ein Unternehmen jeden Tag Spitzenleistungen erbringen und innerhalb eines Jahres einen guten Gewinn machen, um Kunden zufriedenstellen zu können, die Kosten im Griff zu halten und genügend Liquidität zu erwirtschaften. Entscheidend ist aber, wonach man sein Handeln orientiert. Ist es der nächste Quartalsbericht oder geht es darum, langfristig den Wert für alle Beteiligten zu erhöhen? Langfristig bedeutet, mindestens zehn Jahre vorauszudenken. Dies kann auf verschiedensten Ebenen geschehen: Ob man in drei Fünfjahresplänen agiert, wie es Puma gemacht hat, oder in Dreijahreszyklen plant. Dabei ist entscheidend, die Konsequenzen seines Handelns in entsprechenden Zukunftsszenarien über die nächsten zehn Jahre durchzuspielen.

- Haben Sie eine Zehnjahres-Perspektive für Ihr Unternehmen erstellt?
- Arbeiten Sie mit divergenten Zukunftsszenarien, welche Sie auf verschiedene Zukünfte vorbereitet, und teilen Sie diese mit Ihren Führungskollegen?
- Haben Sie diese Szenarien optional in Drei- bis Fünfjahrespläne heruntergebrochen?

5. Weltzentrisches Bewusstsein

Es ist eine Herausforderung, die Eroberung der Weltmärkte mit einer Art Weltethik zu verknüpfen. Damit meine ich nicht, dass die Ethik in aller Welt gleich sein sollte. Es geht mir darum, dass jede Handlung, die wir unternehmen, in einer globalisierten Welt direkt oder indirekt auf uns zurückfällt. Wenn uns dieses Grundprinzip einmal wirklich bewusst wird, entscheiden und verhalten wir uns anders als wenn wir nur an uns und unser unmittelbares Umfeld denken. Schließlich waren die ego- oder ethnozentrischen Einstellungen in der gesellschaftlichen Entwicklungsgeschichte die Grundlagen für sehr viele Kriege, auch noch der aktuellen Konflikte zwischen islamischer und westlicher Welt. Die Unternehmen sollten sich immer der weltweit sich bietenden Chancen bewusst sein – auf der anderen Seite aber auch berücksichtigen, welche Konsequenzen das eigene unternehmerische Handeln etwa bei Offshoring-, Onshoring-, Logistik- und anderen Aktivitäten an anderer Stelle der Welt hat. Auch hierbei sind systematische Wertkettenanalysen sehr hilfreich.

- Machen Sie sich Gedanken über Ihren persönlichen Erfolg oder den Erfolg Ihres Unternehmens hinaus, über die sozialen und ökologischen Konsequenzen ihres Handelns?
- Beschäftigen Sie sich mit den Konsequenzen Ihres unternehmerischen Handelns in den vor- und nachgelagerten Wertschöpfungsketten?
- Dort lassen sich nicht nur viele Kostensenkungs- und Wertschöpfungspotenziale finden, sondern auch unnötige Umweltzerstörungen und Umfeldkonflikte vermeiden.

6. WIN-WIN-WIN-Denken

Führungskräfte mit einem integralen Bewusstsein leben danach, dass alle Beteiligten durch ihr unternehmerisches Handeln gewinnen und Mehrwert schaffen. Sie spielen kein strategisches Nullsummenspiel, bei dem das Unternehmen nur dann erfolgreich ist, wenn Kunden aufgrund von Unwissenheit über den Tisch gezogen oder bewusst soziale oder ökologische Verwerfungen in Kauf genommen werden, nur um ein Quäntchen mehr Gewinn zu machen. Unternehmer und Führungskräfte mit einem integralen Bewusstsein haben verstanden, dass die unternehmerische Kunst heute darin liegt, die wirtschaftliche Potenz und geistige Kreativität so einzusetzen, dass auch dann Gewinne für alle Beteiligten entstehen, wenn das Unternehmen gleichzeitig gesellschaftliche Probleme löst, die Lebensgrundlagen für zukünftige Generationen erhält und fördert und die Mitarbeiter sich dementsprechend entwickeln können.

- Haben Sie sich bereits Gedanken darüber gemacht, welche gesellschaftlichen Probleme Ihr Unternehmen lösen kann?
- Welchen Beitrag können Sie und Ihr Unternehmen leisten, um die Lebensgrundlage künftiger Generationen zu sichern?
- Welche nachhaltigen Entwicklungschancen bieten Sie Ihren Mitarbeitern?

7. Authentische, emphatische, wirksame Führung

Bei der authentischen und wirksamen (Fredmund Malik) Führung geht es darum, die besten Talente zu sammeln, sie sinnvoll zu verknüpfen und in ihrer Entwicklung zu fördern, um die wirksamsten Ergebnisse zu erhalten. Aufgrund der Generationenunterschiede, aber auch der verschiedenen Stufen der Bewusstseinsentwicklung, auf denen sich die Mitarbeiter befinden, ist es für eine integrale Führungskraft eine große Herausforderung, alle Mitarbeiter auf dasselbe integrale Niveau zu heben. Sie müssen sich einfühlsam auf das jeweilige Niveau der einzelnen Mitarbeiter begeben, sie behutsam fördern und ihnen helfen, ihre Talente zu entwickeln. Nur so lässt sich einerseits der höchste Nutzen für das gesamte Unternehmen erreichen, und auf der anderen Seite das maximale Bewusstsein innerhalb des Unternehmens schaffen.

- Sprechen Sie Ihre Beschäftigten in der Sprache ihrer jeweiligen Entwicklungsstufe an?
- Vermitteln Sie Ihren Führungskräften über die Fach- und Methodenkompetenz hinausgehende emotionale und soziale Intelligenz?

8. Ko-kreative, kollaborative und ko-evolutionäre Kundenorientierung

Ein authentisches GOOD Business-Unternehmen ist offen und steht – online oder offline – in engem Dialog mit seinen Kunden. Es ist aktiver Teil sozialer Netzwerke, um sich in moderierten Gesprächen ein »real life feedback« der Kunden über seine Leistungen einzuholen. Es erarbeitet Verbesserungsvorschläge nicht im stillen Kämmerlein, sondern zusammen mit den Kunden. Damit ist das Unternehmen in der Lage, Kunden in offenen Innovationsplattformen an zukünftigen Produktgenerationen mitarbeiten zu lassen. Diese ko-evolutionäre Kundenorientierung unterscheidet sich frappant von der Einstellung des besserwisserischen Unternehmens, das durch Marktforschung und -segmentierung herausfinden will, was der Kunde denkt und diese theoretischen Erkenntnisse dann in vollständig eigener Regie in Produkte übersetzt. Natürlich entbindet die Offenheit den Unternehmer, das Management und das Marketing nicht, bahnbrechende Schlüsseltechnologien und Ideen, die sich der Kunde heute noch nicht vorstellen kann, selbst zu ersinnen. In den daraufhin möglichen ko-kreativen Prozess sollte es die Kunden dann aber in einer recht frühen Phase einbinden.

- Pflegen Sie und Ihr Unternehmen den offenen Dialog mit Ihren Kunden?
- Gehen Sie auf das Feedback Ihrer Kunden ein?
- Nutzen Sie die Innovationskraft Ihrer Kunden und binden Sie diese in ko-kreativer Weise in Ihre Entwicklungs- und Gestaltungsprozesse ein?

9. Führung mit Sinn und Ziel

Eine integrierte Führungskraft erkennt Mitarbeiter in ihrer gesamten Persönlichkeit und gibt ihnen Aufgaben, die sie für sinnvoll halten. (Sollte eine Mitarbeiterin oder ein Mitarbeiter keine sinnvolle Aufgabe finden, passen sie nicht zum Unternehmen). Die wesentliche und zugleich schwierigste Aufgabe von Führungskräften besteht darin, für das »Flow«-Gefühl der Mitarbeiter zu sorgen. Dafür müssen sie Aufgaben leicht oberhalb ihres Kompetenzniveaus erhalten, die sie selbst wünschen und gerne lösen möchten. Während sie auf diese Ziele hinarbeiten, entsteht ein positiver »Flow«-Effekt, ein intensives Glücksgefühl. Dagegen ist das immer häufiger auftretende Burn-out-Syndrom unserer Zeit auf die systematische Überforderung mit sinnlosen Tätigkeiten oder die systematische Unterforderung durch dauerhaft langweilige Arbeiten zurückzuführen. Ein weiterer wesentlicher Aspekt ist es, die Mitarbeiter an ihren Ergebnissen und nicht allein für ihre Anwesenheit oder ihre Leistung zu bewerten. Für den GOOD Business-Unternehmer entscheidend ist letztlich die Qualität des erbrachten Arbeitsergebnisses, er ist in der Lage, sich permanent selbst zu hinterfragen und verschiedene Perspektiven einzunehmen, um eine möglichst integrierte Lösung anbieten zu können.

- Geben Sie Ihren Mitarbeitern Aufgaben, die ihrem Entwicklungsstand angemessen und sinnvoll sind?
- Übertragen Sie ihnen Projekte, die sie herausfordern und mit denen sie ihre Kompetenz beweisen können?
- Bewerten Sie ihre Mitarbeiter ergebnisorientiert und nicht für Anwesenheit?

10. Fünf Perspektiven

Nur wenigen Menschen ist es möglich, den drei Perspektiven der Ich-Ebene, der Einfühlung in ein Gegenüber und der Außensicht des distanzierten Beobachters zusätzlich einen vierten Blickwinkel hinzuzufügen und das so erkannte Ergebnis noch einmal in Frage zu stellen, weil es eventuell noch eine andere Wahrheit gibt. Diese fünfte Perspektive vermag alle vier darunter liegenden Perspektiven so zu integrieren, dass sie neuen Sinn ergeben, der wirksame und elegante Lösungen ermöglicht.

- Wie bewerten Sie Ihr Unternehmen anhand dieser zehn Kriterien?
- Inwieweit wird Ihr Unternehmen schon nach den GOOD Business-Prinzipien geführt?
- Welche der Prinzipien möchten Sie für sich selbst gerne stärker leben?

Was unterscheidet GOOD-Business von profitfixierten Geschäft?

Dimensionen	GOOD-Business	»Profitfixiertes Business«	Ihr Index
Geschäftszweck	Sinn und Zweck jenseits des Geldverdienens im Dienste von Kunden und Gesellschaft	Maximierung der Gewinnerzielung	
Bezugssystem	Integrierte Stakeholdersicht	Fokussiert auf Shareholder evtl. mit Add ons wie Stiftungen und Greenwashing	
Wertschöpfung	Prosperität: Balance aus monetärem Gewinn, menschlichem und ökologischem Beitrag	Economic Value Added, EBIT, ROI	
Zeitperspektive	Langfristig nachhaltig	Kurzfristig opportunistisch	
Bewusstsein	Weltzentrisch, integriert	Egozentrisch bis ethnozentrisch	
Bevorzugtes strategisches Spiel	Win-Win-Win	Win-Loose	
Marke	Verdichteter Ausdruck von Spitzenleistung	Manipulatives Image	
Führung	Authentisch, selbstbewusst, empathisch wirksam	Rollenverhaftet, formal, direktiv	
Kundenorientierung	Dialogisch, ko-kreativ, ko-evolutionär	Monologisch, manipulativ, statusorientiert	
Mitarbeiterfokus	Sinn- und zielorientiert, Spitzenleistung, transformativ	Reduktionistisch, funktional, fähigkeitsbezogen	

Mehrwert durch GOOD Business?

Inwiefern lohnt es sich und ist es überhaupt sinnvoll, nach GOOD Business-Prinzipien zu arbeiten, oder ist es ein Modell für ein »schöneres Scheitern«, ein aus der Krise geborenes Luftschloss, in dem man sich die Welt besser denken kann als sie in Wirklichkeit ist? Tatsächlich gibt es nachvollziehbare Gründe und handfeste Kriterien, die dafür sprechen, dass sich die mit der Umsetzung der GOOD Business-Prinzipien unternehmerischer Mehrwert erzielen lässt:

Kostensenkung durch Ressourcenschonung

Durch systematische Analysen der Wertschöpfungskette des gesamten Unternehmens mit dem Ziel, weniger Ressourcen zu verbrauchen, lassen sich am Ende auf allen Ebenen Kosten sparen. Meist werden smartere Lösungen gefunden, komplette Wertschöpfungsprozesse vereinfacht oder ganz aufgegeben, so dass am Ende wesentlich weniger Kosten für die Leistungserstellung entstehen.

Mehr Wert durch zusätzliche Kundenwerttreiber

Durch Einbringen sozialökologischer Innovationen auf der Basis der Kernkompetenzen eines Unternehmens in bestehende und neue Produkte entstehen plötzlich zusätzliche Werttreiber für eine immer größer werdende Kundengruppe. Sie ist bereit, für Produkte mehr zu bezahlen, die einen solchen sozialökologischen Mehrwert in sich tragen.

Unvergleichbarkeit durch erhöhte Marken-differenzierung

Durch sozialökologische Leistungs- und Wertmerkmale eines Unternehmens lässt sich auf der Markenebene eine deutliche Differenzierung gegenüber Wettbewerbern aufbauen, die nicht über solche Merkmale verfügen. So schaffte es beispielsweise Toyota, der Hersteller des einzigen erfolgreichen Hybrid-Autos, sich mit dem Prius von allen Wettbewerbern zu differenzieren und seinen Marktanteil enorm zu steigern.

Entdeckung ungedachter Märkte

GOOD Business-Prinzipien führen automatisch dazu, dass man sich systematischer über ungedachte Märkte Gedanken macht. So denkt heute zum Beispiel ein vorausschauender Automobilanbieter darüber nach, ob er in Zukunft nicht besser Mobilitätsanbieter sein sollte und das Produzieren von Autos dann nur noch als Teilgeschäft betreibt. Der Zwang zur ökologischen Verträglichkeit erweist sich häufig als Auslöser für vollkommen neuen Problemlösungen, die bis dahin »undenkbar« waren.

Mehr Sinn, mehr motivierte Mitarbeiter

Laut einer Studie des Gallup-Instituts fühlen sich 67 Prozent der Mitarbeiter in Deutschland »nur gering an ihre Firma gebunden und machen Dienst nach Vorschrift«. Weitere 20 Prozent hätten bereits innerlich gekündigt. Im »Engagement Index 2008« wird vorgerechnet, dass die fehlende Mitarbeiter-Identifizierung und -Motivation für ein Unternehmen mit 1000 Mitarbeitern Kosten in Höhe von 485 000 Euro pro Jahr verursacht. Hochgerechnet auf Gesamtdeutschland ergibt sich laut Gallup jährlich eine Summe von 82 bis 109 Milliarden Euro. Dagegen suchen sich gerade die High Potentials ihre Arbeitgeber danach aus, ob und wie sie sich selbst dort verwirklichen können und welchen gesellschaftlichen Beitrag das Unternehmen leistet. Ein GOOD Business-Unternehmen wird im zunehmenden »War of Talents« um die besten Kräfte eines Jahrgangs durch eine sinnvolle Unternehmenszielsetzung und individuelle Aufgabenstellung Vorteile haben.

Mehr Kapital durch positive Unternehmensbewertung

Banken, Investoren und Rating-Agenturen integrieren zunehmend sozialökologische Kriterien in die Vergabe von Krediten und halten gleichzeitig Investments in sozialökologische Themenstellungen für immer investitionswürdiger. Die meisten Unternehmen, die sich der »Bottom Line« People, Planet, Profit verschreiben, können auch in Zukunft damit rechnen, von Banken- wie auch von Investorenseite genügend Kapitalausstattung zu erhalten, da immer Banken in ihren Ratings dieses Denken positiv bewerten lernen. Immerhin wird die Hauptliquidität von denjenigen Kunden kommen, die diese nachhaltige Art des Wirtschaftens am meisten Wert schätzen.

Bessere Zukunft

Wenn sie ihre Prinzipien leben, haben GOOD Business-Unternehmen mehr Zukunft, weil sie zum einen attraktiv für zukünftige Generationen sind, deren Lebensgrundlagen sie gefördert und entwickelt haben. Zum anderen steigt die Reputation innerhalb der Gesellschaft, der Branche, des Unternehmens und der handelnden Personen selbst. Auch wächst die soziale Akzeptanz innerhalb der Familien und Freunde der Manager enorm, was ein nicht zu unterschätzender Faktor in der langfristigen Unternehmensentwicklung ist. Die Anerkennung für sein unternehmerisches Handeln führt dazu, dass noch mehr und noch intensiver darüber nachgedacht wird, wie man das Unternehmen in Zukunft noch erfolgreicher machen kann.

GOOD Business börsennotiert?

In Bezug auf die schwer messbaren weichen Faktoren – ein positives Image oder ein sauberes Gewissen – schafft GOOD Business also »mehr Wert«. Wie aber sieht es bei den harten Faktoren aus? Ausgerechnet aus dem – moralisch betrachtet – »sündigen« Sektor der Finanzbranche lässt sich durch Zahlen belegen, dass sich über gutes Unternehmen »realer« Mehrwert generieren lässt. Viele Studien sprechen dafür, dass sich Investments in sozial, ökologisch und ethisch verantwortungsbewusst arbeitende Unternehmen, Projekte und Anlagen genauso lohnen wie klassische Finanzanlagen, wenn nicht mehr.

Nach ihrem zögerlichen Start vor über 20 Jahren blieben Socially Responsible Investments – kurz SRI genannt – lang eine von Anbietern wie Nachfragern belächelte Randerscheinung. Mittlerweile haben sie ihr Nischendasein jedoch aufgegeben und sind auf dem besten Weg, zum Mainstream zu werden. Vor allem große institutionelle Investoren wie etwa Pensionskassen, Versicherungen und Stiftungen, aber auch Kapitalanlagegesellschaften und Großunternehmen haben diese Anlageform salonfähig gemacht. Als Pioniere nachhaltiger Anlagestrategien erkannten sie früh, dass sich durch das Beimischen nachhaltiger Werte langfristig das Risiko im Investment-Portfolio minimieren lässt, ohne dabei auf Rendite verzichten zu müssen. Mehreren aktuellen Performance-Analysen zufolge hat sich die Mehrheit der SRI-Anlagen vor allem über die Krisenjahre gut behauptet. So zeigt etwa die 2009 veröffentlichte Studie des Social Investment Forums, dass 65 Prozent der untersuchten 160 offenen Wertpapier-Investmentfonds in fast allen Anlageklassen eine um 6 Prozent bessere Performance als ihr Vergleichsindex erwirtschaftet haben. Als Vorbildprodukt im Bereich der Indices sei beispielhaft der global orientierte Natur-Aktien-Index (NAI) genannt. 1997 aufgelegt, erwirtschaftete der erste deutsche – und strengste – Nachhaltigkeitsindex über die Jahre sogar eine noch bessere Performance als etwa der Dow Jones Sustainability Index und der Index FTSE4GOOD, die beide ihren konventionellen Vergleichsindex über die Jahre übertroffen haben. Seit er emittiert wurde, legte der NAI um über 450 Prozent zu und beweist damit, dass selbst in einem strengen ökologischen Investment besseres Renditepotenzial stecken kann als in vergleichbaren klassischen Anlageformen.

Dass SRI sich dazu eignen, die Risikoverteilung der Anlagen zu optimieren, wird von so manchem Fondsmanager und Finanzberater noch bezweifelt, jedoch spricht die hohe jährliche Wachstumsrate des Nachhaltigkeitssegments mit über 20 Prozent in den letzten Jahren eine eindeutige Sprache. Kapitalanlagen nach SRI-Kriterien sind wettbewerbsfähig geworden. Heute werden weltweit über 5 Billionen US-Dollar an sozialen Investments gehandelt, die etwa 7 Prozent des gesamten, global verwalteten Anlagevermögens ausmachen. Seit der Finanz- und Wirtschaftskrise wird der noch relativ kleine Marktanteil durch zusätzliche Wachstumsfaktoren angetrieben. Sie sorgen dafür, dass SRI-Anlagestrategien unabhängig vom jeweils verfolgten Auswahlprinzip nachhaltiger Unternehmen erst richtig attraktiv werden. Zum einen fließen die global aufgelegten, über eine Billion US-Dollar schweren Konjunkturpakete zur Bekämpfung der Krisenfolgen vorwiegend in ökologisch, sozial und wirtschaftlich verantwortlich arbeitende Unternehmen aus den künftig wichtigen Branchen wie etwa Energie, Wasser, Bildung und Gesundheit. Zum anderen spielen absehbare Negativentwicklungen wie etwa die Energie- und Wasserknappheit, vor allem aber die Klimadebatte, den nachhaltig agierenden Investoren in die Hände. Auf der sicheren Seite sind sie schon deshalb, weil die für ein Nachhaltigkeitsinvestment in Frage kommenden Unternehmen in aller Regel auch sehr innovativ sind. Und ihre Zahl wächst.

Spätestens an dieser Stelle drängt sich noch ein weiterer Vorteil auf, der zum Wachstum des Marktsegments »Socially Responsible Investments« beitragen könnte: Sie tragen immens dazu bei, das verlorengegangene Vertrauen der Anleger wieder herzustellen. Wenn Investmentanbieter mit ruhigem Gewissen dort ihren Innovationsgeist ausleben und neuartige Finanzkonstrukte kreieren, die über ökonomische Kriterien hinaus auch ökologisch, sozial und ethisch anspruchsvoll sind, dürfte dies den nachhaltigen Kapitalanlagen weiteren Auftrieb geben.

Auf jeden Fall erkennen immer mehr Branchenexperten, Finanzanalysten, Fondsmanager und Anleger, dass in den Socially Responsible Investments noch viel Marktpotenzial steckt. Spätestens wenn die über klassische Leistungskriterien hinausgehende Sozial- und Umwelt-Performance eindeutig gemessen werden kann, werden ihre Hauptvorteile noch viel mehr Firmenchefs überzeugen, die sich auf der Kapitalsuche den Nachhaltigkeitsansprüchen der Investoren beugen müssen. Ihr Trost wird sein, dass Unternehmen, die nach SRI-Kriterien arbeiten, ein dreifach besseres Ergebnis vorzeigen: im Umgang mit den Stakeholdern (People), gegenüber der Umwelt (Planet) und bei der Performance für Shareholder (Profit).

5. Die GOOD Business-Matrix als universeller Denk- und Handlungsrahmen

Wie sollen wir nun auf dieser integralen Ebene »ganzheitlich« denken, GOOD Business-Unternehmen und -Marken führen, ohne an Überkomplexität und Kompliziertheit zu verzweifeln oder in unkonkreten »ganzheitlichen« Andeutungen und Schwingungen zu versinken? Wie führt man GOOD Business-Unternehmen und -Marken und integriert dabei die relevanten oben beschriebenen Dimensionen? Wie integriert man den unternehmerischen Zweck, seine Werte und Ziele mit der wahrgenommenen Leistung, den Kundenerlebnissen außen am Markt, bindet gleichzeitig dabei die Mitarbeiter, Kunden und Nichtkunden in eine offenen Dialog ein und ermöglicht einen dreifachen Gewinn?

Unmöglich? Mit einer passenden Denkschablone, mit der passenden Weltsicht und Perspektive auf ein Unternehmen kein Problem. Ich möchte Ihnen dazu eine universelle GOOD Business-Matrix anbieten, die es Ihnen ermöglicht, Ihr Unternehmen, Ihre Marke in allen wesentlichen Dimensionen zu analysieren und die wichtigen Stellhebel für Ihre Weiterentwicklung zu definieren – und das Ganze auf nur einer DIN A4 Seite darzustellen. Diese Matrix basiert nicht auf der einseitigen Perspektive der Betriebswirtschaftlehre, sondern baut auf den Grundannahmen und universellen Weltsichten unserer großen westlichen Philosophen auf. Ihre universellen Modelle darüber, wie wir wie Welt möglichst umfassend und ganzheitlich sehen können, bieten die Grundlage unseres wissenschaftlichen Erkennens großer Zusammenhänge. Um sie praxisrelevanter und anwendbarer zu machen, wurden sie in den 1990er Jahren von dem amerikanischen Bewusstseinsphilosophen Ken Wilber in ein visuell einfaches vier Quadrantensystem namens AQAL(»All Quadrants all Levels«) übersetzt. Dieses Modell spiegelt den Rahmen eines zeitgemäßen ganzheitlichen Denkens jenseits esoterischer Vernebelungen und deswegen habe ich daraus meine GOOD Business-Matrix zur Anwendung bei Unternehmen und Marken abgeleitet.

Das AQUAL-Modell von Ken Wilber

Von den griechischen Philosophen Platon und Aristoteles stammt die Einteilung der Welt in die drei Dimensionen, das Schöne, das Wahre, das Gute. Das Schöne ist die innere Perspektive des Menschen mit seinen Idealen, Zielen, Träumen, Schönen Künsten und seinem subjektiven Empfinden. Sie muss einerseits in die Welt des Wahren, der äußeren objektiven Wissenschaft und der Vernunft und andererseits in die Welt des Guten, der Werte, der Ethik und der Moral einer funktionierenden Gesellschaft integriert werden, um ein glückliches und aufgeklärtes Leben zu ermöglichen. Gute Unternehmen müssen diese Dimensionen des subjektiven Zwecks und einer Vision mit objektiven Leistungen und dem daraus resultierenden Gewinn in einen ethischen Handlungsrahmen integrieren.

Der einflussreiche amerikanische Philosoph Ken Wilber baute auf den großen drei Perspektiven des Schönen (Ich, subjektiv, ästhetisch), Wahren (Es, objektiv, Wissenschaft), Guten (Wir, Weltsicht, Ethik) auf, als er in den 1990er Jahren seine »Theorie von allem« entwickelte. In dieser Metatheorie führt er unterschiedliche Wissenschaftsdisziplinen und Denkschulen westlicher wie östlicher Provenienz mit den ästhetischen und moralischen Lehren der klassischen Vordenker und modernen Wegbereiter ganzheitlicher Sichtweisen zusammen, um daraus ein kohärentes Ganzes, eine integrale, »Ewige« Philosophie entstehen zu lassen, die zum Verständnis und zur Erklärung der Welt dienen soll. Sein, wie Wilber es nennt, »integraler methodologischer Pluralismus« entfaltet einen inhaltsfreien, fortschrittlichen, inklusiven und entwicklungsfördernden Denkrahmen mit einem Maximum an Perspektiven, Stilen, Methoden und Erkenntnissen, das einen breiten, vorurteilslosen Blick gewährt auf jedwedes Untersuchungsobjekt – sei es ein Mensch, eine Gesellschaft, ein Unternehmen, eine Marke, ein Produkt oder die ganze Welt. Es ist eine Art Metadenken für eine bessere, weil integrierende Entscheidungsfindung und Entwicklung.

Wilber versucht mit Hilfe seines Metamodells »AQAL« Wissen zu ordnen und zu klassifizieren und grafisch zu veranschaulichen. Das Prinzip ist ganz einfach. Ausgehend von den drei Dimensionen des Schönen, Wahren, Gute entwickelt er ein grafisches Quadranten-Modell allerdings mit vier Perspektiven. Wilber teilt dabei nur den Bereich des Objektiven in die individualistische (Es) und gemeinschaftliche, soziale Perspektive (Sie) auf. So werden aus drei vier Perspektiven. Die Matrix beinhaltet die vier grundlegenden Perspektiven, unter denen jedes Ereignis betrachtet werden kann.

Horizontal teilt sich die Matrix in eine externe und interne Perspektive, vertikal in eine innere und eine äußere Perspektive auf. Dabei zeigt

- der Quadrant oben links die innere, individuelle und damit subjektive Welt (das Ich) der Werte und Wünsche, des Kreativen und Künstlerischen, des Selbst, der Ängste und Hoffnungen und des Selbstbewusstseins. Es ist die Welt der klassischen Psychologie, der Introspektion und Meditation, des Geistes und der Kulturwissenschaften

- der Quadrant oben rechts (OR) die äußere, individuelle Welt (das Es) des Körpers, der Leistung, des beobachtbaren Verhaltens, der objektiven Wissenschaften wie Hirnforschung, Physik, Marktforschung
- der Quadrant unten links (UL) die innere, kollektive Welt (das Wir) der gemeinsamen Kultur, der geteilten Ziele, Werte, Symbole, Rituale, der sozialen Codes, des Common Sense der Gemeinschaft, das Feld der Kultur- und Sozialwissenschaften
- der Quadrant unten rechts (UR) die äußere, kollektive Welt (das Sie) des Umfelds der Gesellschaft, der Staaten, der Umwelt, der Märkte und der großen Systemwissenschaften wie System- und Chaostheorie, Ökologie, Komplexitätswissenschaft.

Wenn alle bei einem Untersuchungsobjekt alle vier Perspektiven gleich entwickelt sind, ist ein Zustand der Balance erreicht: Das untersuchte Objekt ist horizontal integriert, das heißt mit sich im Einklang – es ist horizontal gesund. Diese Perspektiven eines Beobachtungsobjektes existieren also immer und so stellen die Quadranten die vier Perspektiven dar, die für eine »gute« Entscheidung immer abgeprüft werden sollten. Diese vier, nicht mehr und nicht weniger. Deswegen »All Quadrants«. Innerhalb dieser vier Perspektiven gibt es noch Entwicklungslinien (»All Lines«), die ein Beobachtungsgegenstand durchlaufen kann. Ein Mensch oder eine Gesellschaft durchläuft zum Beispiel die Entwicklungsebenen der Spiral Dynamics von Überleben (beige) bis zum ganzheitlichem Denken und Handeln (gelb/türkis), die eben aus den vier universellen Perspektiven betrachtet werden können und sollen um eine integrierte Sicht darauf zu bekommen.

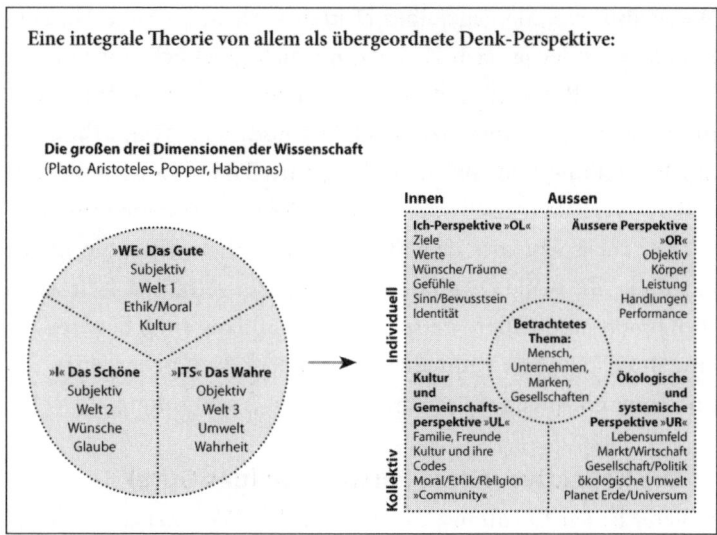

Eine integrale Theorie von allem als übergeordnete Denk-Perspektive:

Die großen drei Dimensionen der Wissenschaft
(Plato, Aristoteles, Popper, Habermas)

Bevor wir die Matrix auf Unternehmen und Marken anwenden, einmal auf der individuellen Ebene durchgespielt können Sie – als Objekt der Untersuchung – feststellen, ob in Ihrer persönlichen Entwicklung alle vier Quadranten auf derselben Ebene sind, ob sie entfaltet oder blockiert sind und wie und ob sie miteinander harmonieren.

Ihre individuelle innere Perspektive (das Schöne)

Oberer linker Quadrant: Durch Introspektion, Nachdenken oder sogar Meditation erkennen Sie die Grundlagen Ihrer inneren Identität. Dort ergründen Sie die Fragen, wer Sie sind, was Ihnen wichtig ist, was Sie wollen und wie Sie ästhetisch empfinden.

Ihre individuelle äußere Perspektive (das individuelle Wahre)

Oberer rechter Quadrant: Ihr individuelles Vorstellungsbild wird durch Ihr äußeres Erscheinungsbild komplettiert, der Art und

Weise also, wie Sie gegenüber Dritten wirken. Sie sind dann erfolgreich – oder je nach Zielsetzung auch glücklich – wenn sich Ihre innere Perspektive durch Ihr äußeres Verhalten, Ihre Leistung und den zu Ihnen passenden Stil ausdrückt. Wenn Ihr eigenes Vorstellungsbild, ihr Charakter, ihre Träume sich durch Ihr äußeres Verhalten ausdrücken und beides in Harmonie miteinander ist, entspricht dies dem Begriff der Authentizität. Sie ist die Klammer, die beide Quadranten miteinander verbindet. Nur wenn Ihre innere und äußere Perspektive in Einklang sind, besitzen Sie eine unverkennbare Individualität mit dem dazu gehörenden Stil und einer entsprechend starken, positiven Ausstrahlung.

Die kollektive innere Perspektive (das Gute)

Unterer linker Quadrant: Ihr individuelles Werteset in der inneren Wir-Perspektive, ihrer sozialen Gemeinschaft kommt hier zum Ausdruck. Weil es sich hierbei um die Wertvorstellungen handelt, die Sie mit Ihrer Familie, Ihren Freunden und Bekannten teilen, ist es wichtig, deren Werteverständnis zu kennen und es mit Ihren eigenen Werten abzugleichen: Teilen Sie die kulturellen Codes, Symbole und Rituale, ihre Werte? Stimmen Ihre Ziele und Visionen mit denen ihres persönlichen Umfeldes überein, gibt es genügend Rituale und Gemeinsamkeiten, um eine funktionierende Gemeinschaft zu bilden?

Die kollektive äußere Perspektive (das kollektive Wahre)

Unterer rechter Quadrant: Die auf die Gemeinschaft ausgerichtete innere Perspektive ist eingebettet in die hier dargestellte äußere Perspektive verschiedener Umfelder. Prüfen Sie, wie Sie mit Ihren individuellen Wertvorstellungen, Ihren Leistungen und Ihrer kollektiven Perspektive auf die Gesellschaft einwirken, aber auch, wie Sie sich einpassen.

Aus diesen vier Perspektiven können Sie nun feststellen, in welchem Quadranten Imbalancen vorherrschen, wo ihre Blockaden und Entwicklungsfelder liegen. Ob Sie sich nur auf den Quadranten oben rechts konzentrieren, um zu »performen« und dabei Ihre Werte vernachlässigen, oder umgekehrt, ob Sie nur oben links träumen, Ihre Träume aber nicht umsetzen. Oder ob Sie sich verwirklichen, aber Ihre Gemeinschaft dabei nicht einbinden. Oder ob Ihre Ideen überhaupt nicht zu Ihrem Umfeld passen.

Angewandt auf der Ebene der Organisation können Sie mit Hilfe der Matrix auch auf einen Blick den Entwicklungsstand und seine Potenziale erkennen. Gut geführte Unternehmen oder die Geschäftsleitung haben ein Bewusstsein für die Werte und Ziele des Unternehmens (Ich) und vermitteln diese Besonderheiten über seine Leistungen, Produkte, Dienstleistungen oder die erzeugten Kundenerlebnisse (Es). Über ein Leitbild und die gelebte Unternehmenskultur, das heißt über Symbole und Rituale, versucht das Unternehmen, diese Werte nach innen mit den Mitarbeitern zu leben und eine Wertegemeinschaft zu bilden (Wir). Es versucht zudem, mit diesen Werten auch gegenüber dem Markt sowie dem weiteren Umfeld, etwa den sozialen und ökologischen Rahmenbedingen, erfolgreich zu genügen. Ein Unternehmen ist dann echt oder authentisch oder gesund, wenn diese vier Perspektiven in seiner Entwicklungsstufe in Einklang stehen. Dann entstehen Ausstrahlung und Begehrlichkeit und dann kommt der Erfolg. Wenn beispielsweise besondere Werte wie etwa die Produktqualität dem Kunden nicht vermittelt werden, ist dieser auch nicht bereit, dafür zu bezahlen, weil er sie nicht kennt und sie als austauschbar empfindet. So entsteht ein Mangel in der äußeren Wahrnehmung, der zu Anpassungsdruck in Form von Preissenkungen führt. Oder verspricht ein Unternehmen mehr als es hält, dann wirkt es nach außen unglaubwürdig, was wiederum zur Schwächung des Unternehmens aus Marktsicht führt.

Oder – um eine letztes Beispiel zu nennen – wenn Führungs-kräfte schöne Leitbilder propagieren, diese aber selbst nicht vor-leben, kommen sie im unteren linken Quadranten (Wir) unter Druck und besitzen keine innere Glaubwürdigkeit, oder im Unternehmen bildet sich eine offizielle Scheinkultur der Hoch-glanzbroschüren und eine inoffizielle, von allen geteilte Schat-tenkultur, die das wirkliche Verhalten bestimmt. Ist ein Unter-nehmen nicht »fit«, das heißt den Marktbedingungen und dem Wettbewerb (etwa durch mangelnde Differenzierung oder Kos-tennachteile) nicht genügend angepasst, macht es keinen Gewinn und scheidet bei drohender Insolvenz aus dem Markt aus. Eine GUTE Unternehmensführung ist immer darum bemüht, die vier Perspektiven in Einklang, zu bringen und zu halten und die nächste Stufe vorzubereiten.

Gleiches gilt für Marken, die unternehmerische Spitzenleis-tungen als eine Art Wertespeicher verdichten und nach innen und außen ausdrücken sollen. Sind die vier Perspektiven in Harmonie, entsteht die vielgesuchte und gepriesene Authentizität mit Cha-risma und Anziehungskraft, die Begehrlichkeit schafft – von in-nen nach außen, für den Einzelnen und für die Gemeinschaft. Authentische Marken entstehen also nur über innen gelebte wert-haltige, spezifische Markenversprechen (Ich) und das Erleben die-ser Versprechen auf Kundenseite (Es) durch tatsächliche Marken-leistungen, die sich wiederum aus Produkt, Dienstleistung und Erlebnis zusammensetzen. Diese werden nur dann nachhaltig er-lebt, wenn sie innerhalb des Unternehmens von allen Mitarbei-tern und Partnern erkannt, verstanden, geteilt und gelebt und nicht nur auf Prospekten und Werbespots erzählt werden. Des-wegen ist Markenführung zuerst Mitarbeiterführung und Ma-nagement der Unternehmenskultur (Wir). Dass diese Werte und Versprechen gemäß dem Wettbewerbsumfeld attraktiv und diffe-renzierend und gegenüber der Umwelt sozialökologisch sein müssen (das Sie), um einen Mehrwert, einen höheren Ertrag und damit Gewinn zu erwirtschaften, versteht sich von selbst.

Nachdem wir nun ein Grundverständnis der universellen Matrix erreicht haben, möchte ich Sie nun auf Marken und Unternehmen anwenden, dass Sie auf einer Seite oder zeitgemäßer einem iPhone oder Blackberry-Bildschirm den Entwicklungsstand Ihres Unternehmens, Ihrer Marke feststellen und die Entwicklungsfelder definieren können. Das ist der simplexe Charme dieses integrierten Denkmodells.

6. Erfolgreiches GOOD Business braucht starke unverwechselbare Marken

Warum brauchen gute Unternehmen starke Marken? Ist das Thema Marke nicht nur ein Thema für die Konsumgüterindustrie? Warum sollen sich Geschäftsführer oder Manager außerhalb des Marketingbereich mit Marke beschäftigen? Nein. Marken sind im Gegensatz zu der leider noch weit verbreiteten Meinung nicht nur ein Logo, ein Zeichen. Sie stellen auch nicht nur das Design, den Stil des Unternehmens dar oder lassen sich auf Werbespots, Claims oder Images reduzieren, sie sind der verdichtete Ausdruck von Unternehmenspersönlichkeiten, welche wiederum auf den Werten und Spitzenleistungen des Unternehmens – oder bei Produktmarken auf den Leistungen der Produktranges – beruhen. Marken verdichten diese Spitzenleistungen durch ihren Stil und ihre Botschaften und drücken die Leistungen des Unternehmens glaubwürdig, für Kunden attraktiv und zum Wettbewerber differenzierend aus. Sie helfen, den besonderen Wert des Unternehmens von innen nach außen zu vermitteln, so dass in den Köpfen der Kunden ein Mehrwert entsteht, der sich in einer höheren Preisakzeptanz und Kundentreue, im Cross Selling und der Weiterempfehlungsbereitschaft sowie in einer hohen Mitarbeitermotivation ausdrückt. Kurz: Marken schaffen als Werte- und Leistungsspeicher durch ihre Begehrlichkeit echten langfristigen Wert für ein Unternehmen. Sie sind keine Spielwiese für Kreative, designaffine Werbe- oder Marketingleiter.

Ein solches integriertes Markenverständnis ist die Basis dafür, dass Unternehmen ihre Anziehungskraft nach innen und außen entfalten. Marke ist also kein »Nice to have«, sondern Ausdruck der Unternehmenspersönlichkeit mit ihren Spitzenleistungen, das Rückgrat für zukünftige Mehrwerte und aus diesem guten Grund auch Chefsache.

Heute schon erfolgreiche integrale GOOD Business-Unternehmen wie Whole Foods in den USA oder die GLS Bank in Deutschland haben ein hochentwickeltes Markenverständnis. Sie haben begriffen, dass ihre Marke nicht durch Werbung, Werbespots oder lustige Anzeigen geschaffen wird, sondern Ausdruck der gesamten unternehmerischen Spitzenleistungen ist, die von allen Bereichen verantwortet und den Kunden an allen Kontaktpunkten erlebbar gemacht werden. Das Markenverständnis mit konkreten Werten, einer einzigartigen Positionierung und einfachen, aber unternehmensspezifischen Regeln ersetzt zunehmend unspezifische Leitbilder, die oft nach dem Motto: »Wir wollen die Nummer eins werden und sind dabei kunden- und mitarbeiterorientiert und innovativ«, formuliert werden. Sie besitzen so oft kaum Anziehungskraft, weil sie austauschbar, oft wenig alltagsrelevant sind und häufig genug an Wänden oder in Broschüren verkümmern. Die Kernwerte der Marke sind im Gegensatz dazu die vermittelten und gelebten Werte der Unternehmenskultur. Und die Kultur des Unternehmens wird durch das Erleben von Symbolen und Ritualen, Produktions- und Verkaufsprozessen entlang der gesamten Wertschöpfungskette geprägt und nicht in einmaligen Leitbild-Events, wie das heute noch oft der Fall ist. GOOD Business-Unternehmen sind transparente und authentische Unternehmen, in denen versucht wird, die Werte des Unternehmens und damit der Marke innen zu leben und nach außen auszudrücken. Marke ist der Ausdruck von Unternehmensidentität. GOOD Business-Unternehmen verstehen auch, dass Markenführung zur CEO- oder Geschäftsleitungskompetenz gehört und nicht Aufgabe des Werbe- oder Marketingleiters sein kann. Und zu guter Letzt braucht GOOD Business schon deshalb GOOD Brands, weil die Marke über den verdichteten Ausdruck von objektivem und subjektivem Zusatznutzen durch ein Preispremium, die Wiederkaufrate, das Cross Selling und die Weiterempfehlung Mehrwert schafft.

Ohne Marke droht das schnelle Aus selbst der besten Ideen, weil sie nicht beim Kunden ankommen und dort für Attraktivität sorgen.

Die GOOD Business-Matrix für Marken

In Bezug auf Marken verschafft das AQUAL-Modell die Möglichkeit, mit wenigen gezielten Fragen festzustellen, ob ein Unternehmen oder eine Marke »integriert« ist und ob beide tatsächlich in allen vier Perspektiven – innen wie außen und kollektiv wie individuell – auf der gleichen Entwicklungsstufe stehen. Die vier Quadranten geben zudem Aufschluss darüber, ob sich das Unternehmen oder die Marke kohärent verhält und bewusst gestaltet wird. Das Modell zeigt Entwicklungsunterschiede und Ungleichgewichte auf und ermöglicht es dadurch, punktuell Maßnahmen zu ergreifen, um horizontale Gesundheit im Sinne einer gut funktionierenden, effizienten, effektiven und glaubwürdigen Marke zu entwickeln, die von innen nach außen gelebt und von außen nach innen als authentisch wahrgenommen wird.

Das bedeutet: Die innere individuelle Perspektive des »Ich«, das Markenbewusstsein mit ihrer Identität, ihrem Zweck, ihren spezifischen Markenkernwerten und Leistungsversprechen werden durch deren äußeren objektiven Entsprechung der Markenperformance, dem »Es«, in Form von erlebten Leistungen, Produkten, Services und Verhalten an Markenkontaktpunkten objektiv sichtbar und erlebbar gemacht. Daraus entsteht entweder eine glaubwürdige Marke, die ihre Versprechen einhält, oder sie schafft es nicht und scheitert. Die inneren Markenkernwerte, die Vision und Mission der Marke, finden ihre kollektive Perspektive der Markengemeinschaft, des »Wir«, der Unternehmenskultur, der Kunden-Community mit ihren Ritualen, Verhaltensweisen und Kulturcodes, die im besten Fall eine Sinn-, Werte- und eine Empfindungsgemeinschaft bilden. Ob die Marke zum Marktumfeld, zur Gesellschaft, zu den ökologischen Rahmenbedingungen passt und einen wesentlichen Differenzierungsgrad zum Wettbewerb schafft, wird durch das äußere Markenumfeld, das »Sie« als vierte Perspektive definiert.

Innerhalb dieser Markenmatrix kann man die Markenführung in drei wesentliche Entwicklungsstufen einteilen, die in jedem Quadrant vollzogen wurden. Die erste Stufe entspricht dem klassischen Markenverständnis, so wie es sich nach 1945 bis weit in die 1970er Jahre hinein, im Sinne traditioneller Reklame und Werbung, entwickelte. Die zweite Stufe oder Phase nenne ich moderne Markenführung. Sie entspricht dem aktuellen Verständnis von Markenführung und beginnt mit der Definition kaufentscheidender Kriterien und der Suche nach Alleinstellungsmerkmalen, den sogenannten USPs, um Printwerbung und TV-Spots an den vorherrschenden Kundenbedarf anzupassen und neue Wünsche zu wecken. Nach wie vor werden Märkte segmentiert, Milieustrukturen erstellt und Kundentypen erfasst, um Marken über Lebensknappheiten jenseits des Produktnutzens zu positionieren. Events und Kundenclubs eröffnen den Kunden heute die Möglichkeit, die Marke hautnah zu erleben. Zudem setzt auf dieser Stufe die Reflexion über die realen Konsequenzen des eigenen Handelns ein. Die dritte Stufe, die sich momentan gerade erst unter den ersten Pioniermarken herausbildet, nenne ich GOOD Brand Management. Sie bildet sich in verschiedenen Schüben aus und wird auf der einen Seite insbesondere im Kundendialog mit dem

Die GOOD-Business-Matrix für Marken:
Die vier Perspektiven einer universellen,
ganzheitlichen Sicht

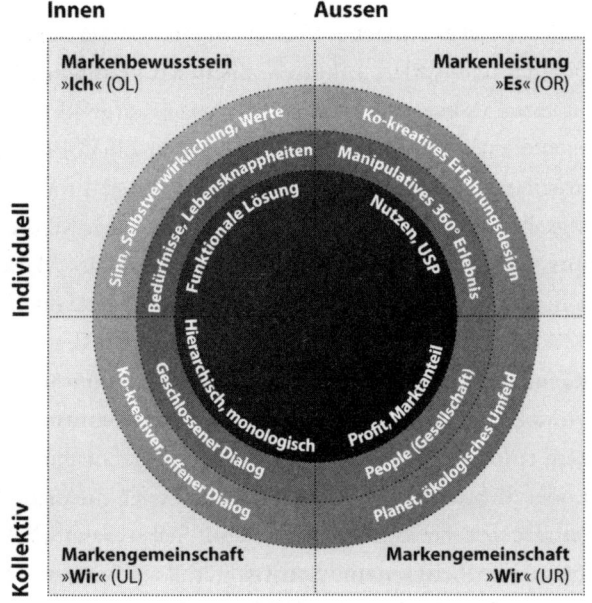

Quelle: Achim Feige in Anlehnung an Ken Wilber

Web 2.0 durch die technologische Entwicklung des Internets unterstützt. Auf der anderen Seite wird sie durch das wachsende sozialökologische Bewusstsein der Kunden im Markenumfeld und die Ausdifferenzierung der Gesellschaft in webbasierte Communities getragen, wo Marken Gesprächsmoderatoren und Identitätsstifter sind. Diese drei Entwicklungsstufen möchte ich nun aus jeder der vier Perspektiven beschreiben, um Ihnen die Möglichkeit zu geben, Ihr Verständnis, den Entwicklungsstand Ihres Unternehmen und Ihre Marke einzuordnen.

Markenbewusstsein – der Quadrant oben links

In der ersten Entwicklungsstufe sind Marken einfach funktionale Problemlöser. Sei es einfaches Vertrauen, ein besserer Service, höhere Qualität oder andere Faktoren, die in der klassischen Marketing-Literatur als kaufentscheidende Kriterien aufgeführt werden: Marken wollen auf diesem Level dem Markt einen bestimmten Nutzen stiften. Hauptproblem ist, dass auf dieser Produkt- und Leistungsebene der Wettbewerb hoch ist und viele Marken austauschbar sind. In der zweiten Entwicklungsstufe des Markenbewusstseins stellt man sich auf die Bedürfnisse der Gesellschaft, seiner Zielgruppen oder Milieus ein und deckt für diese Kunden vorhandene Lebensknappheiten ab oder erfüllt ihre Sehnsüchte und Wünsche, wie etwa den Wunsch nach mehr Status oder Prestige, nach emotionaler Entlastung, Gruppenzugehörigkeit, Geselligkeit oder Sicherheit. Der GOOD Brand Level, die dritte Stufe, konzentriert sich darüber hinaus auch auf Selbstverwirklichungsbedürfnisse wie Religion und Spiritualität, Kreativität und Selbstausdruck oder stiftet Identität. Auf dieser Ebene macht die Marke ein Sinnangebot, das über Knappheiten und Bedürfnisse hinausweist und den Menschen, den Kunden oder der Gesellschaft Inspirationen für ein besseres Leben bietet. Ein solches besseres Leben kann Aspekte der Entwicklung oder der sozialökologischen Verantwortung enthalten, es kann aber auch die Rückkehr bedeuten, um wieder in verloren gegangene archaische Strukturen des Unterbewussten eingebunden zu sein. Somit entspricht das Streben nach einem besseren Leben dem dritten Level des Markenbewusstseins, das in den letzten Jahren unter dem Thema spirituelle oder religiöse Markenführung an die Oberfläche kam.

Markenperformance – der Quadrant oben rechts

Im klassischen Markenverständnis stand die Unique Selling Proposition der USP im Vordergrund: Man bietet sozusagen einen besonderen Nutzen an, der dann in einem »Reason why«, begründet wird. Nachdem sich die meisten Marken zu komplexeren Persönlichkeiten entwickelt haben, werden Marken Leistungsübergreifend in der modernen Markenführung zunehmend mit Hilfe des übergeordneten Ein-Wort-Wertes positioniert, der dann über alle Produktfelder hinweg erlebbar gemacht wird. Wenn etwa BMW für »Freude am Fahren« steht, drückt sich diese Freude vom 1er BMW bis zum 7er BMW zwar mit leicht unterschiedlichen produktspezifischen Nuancen aus, es bleibt aber immer »Freude am Fahren«. Über die Produktnutzung und die verschiedensten Medien gilt es, dem Kunden diese Nummer-eins-Position an allen Markenkontaktpunkten erlebbar zu machen. In der dritten Evolutionsstufe der Markenführung, dem GOOD Brand-Management, hat man eindeutig erkannt, dass Kunden sich nicht mehr manipulieren lassen, die Marke an alle Kontaktpunkten gesteuert werden muss und der Kunde die Möglichkeit haben sollte, sein individuelles Erlebnis mit der Marke selbst zu gestalten. Letztlich führt diese Öffnung dazu, dass irgendwann die gesamten Produkte und Leistungen individuell konfigurierbar sind: Kunden designen sich ihre Schuhe selbst, mischen Müslis nach eigenen Gelüsten und legen mittlerweile Wert darauf, das Erlebnis rund um das Identitätswerte- und Sinnversprechen nach ihren individuellen Vorstellungen zu gestalten.

Markengemeinschaft – der Quadrant unten links

Während klassische Markenführung früher als Werbung über die sogenannten Above-the-line-Medien TV, Print und Radio verstanden wurde, über die man mit mehr oder weniger intelligenter Medienselektion die Botschaften monologisch an die definierten Zielgruppen sandte, setzte sich spätestens mit der Explosion der Medienlandschaft, des Privatfernsehens und später auch der digitalen Medien eine modernere Art der Markenführung durch. Über Events, Kundenclubs und den Aufbau geschlossener Marken-Communities begann man Ende der 1980er, Anfang der 1990er Jahre mit den Kunden in eine Art manipulativen Dialog zu treten, um ihm die Markenwerte zu vermitteln, ihn für die Marke zu begeistern und ihn zum Fan zu machen. Die dritte Stufe der Entwicklung zum GOOD Brand-Management wird heute durch die Internet-Generationen der Digital Natives und der Millenials gefördert. Kunden werden über ihre Feedbacks immer mehr zum Mitproduzenten, kreieren Markeninhalte in Form eigener Werbespots oder vermitteln Ideen, wie man ein spezifisches Produkt weiterempfehlen kann. Das heißt, wir steigen gerade ein in eine Art »Open Branding«, in der die Marke einerseits Identität und Transformation anbietet und andererseits Dialogmodule zur Verfügung stellt, mit denen sich Kunden mit der Marke, über die Marke, für die Marke und sich selbst austauschen können. Die Marke wird zum Freund des Kunden, der wiederum ihr bester Botschafter und Teil seiner Identität, öffnet und vernetzt sich mit einzelnen Personen, anstatt Zielgruppen und Milieus anzusprechen.

Markenumfeld – der Quadrant unten rechts

In der klassischen Markenführung war das Markenverständnis mit quantitativen Zielen verbunden: Wettbewerbsdifferenzierung, Gewinn, Marktanteil, Preis pro Stück usw. und an der Betonung der Einzigartigkeit orientiert. Über die sozialen und ökologischen Konsequenzen der Marke und ihrer Leistungsversprechen hinaus wurde nicht nachgedacht. Erfolgreich war, wer den höchsten Gewinn vorweisen konnte. Erst in der zweiten Stufe begann man, sich im Marketing mehr Gedanken über die Gesellschaft an sich zu machen. Die Ergebnisse von Milieustudien und Marktforschungen trugen dazu bei, die sozialen Konsequenzen von Marken mit zu berücksichtigen. Nachdem die ersten Fälle von Kinderarbeit bei Nike und Adidas, aber auch Unfälle in der Pharma- und Ölindustrie Schlagzeilen machten, wurden nach und nach soziale Standards in das Modell der Markenführung integriert. Parallel dazu wurde das Markenbewusstsein in den letzten Jahren auf ökologische Konsequenzen ausgeweitet. Bereits heute gibt es unterschiedliche GOOD Brands, die den dreifachen Gewinn erwirtschaften. Zum Beispiel ist die naturnahe Freizeitbranche dafür bekannt, umweltfreundlich zu sein. Was allerdings die Arbeitsbedingungen in den ausländischen Produktionsstätten angeht, wurde führenden Unternehmen bereits unsoziales Verhalten vorgeworfen. Patagonia ist zwar Mitglied der Prüfinstanz Fair Labor Association, ist damit allerdings zur Zahlung des gesetzlichen Mindestlohns – und nicht eines Existenzlohns – verpflichtet, ein Punkt, an dem das Unternehmen sicher noch arbeiten wird. Produzenten von GOOD Brands legen ihre Wertkette detailgetreu dar, machen ihren Beitrag zur Förderung der einzelnen Wertschöpfungsstufen deutlich und erstellen Ökobilanzen.

Übung: Die vier Perspektiven-»Meditation«

Mit Hilfe der GOOD Business-Matrix für Marken sind Sie in der Lage festzustellen, in welchem Quadranten Ihre Marke steht und wo gerade ihr Minimumfaktor liegt, sei es in der Vermittlung Ihrer Leistung, sei es in ihrer Wahrnehmung jenseits des Profits, sei es in der Öffnung zum Kunden oder in der Tiefe ihres Versprechens. Hier haben Sie auf einen Blick die Möglichkeit, Ihr Markenmanagement zu analysieren. Sie können diese GOOD Business-Matrix für Marken aber auch von Ihren Kunden ausfüllen und sich von ihnen sagen lassen, wo Ihre Marke heute steht. Eine Marke, die zum Beispiel im oberen linken Quadranten außerhalb der aktuellen Bedürfnisbefriedigung ihrer Kunden keine Mission hat, wird schwerlich in der Lage sein, im unteren rechten Quadranten sozialökologische Verantwortung zu reklamieren, geschweige denn, den offenen Dialog mit ihren Kunden oder anderen Bezugsgruppen zu pflegen. Die Chance zum Kundendialog vertut aber auch ein Unternehmen, das sehr viele soziale und ökologische Aktivitäten unternimmt, wenn es diese Leistungen dem Kunden nicht im oberen rechten Quadranten an verschiedenen Markenkontaktpunkten erlebbar macht, sondern weiterhin nur USPs und Benefits kommuniziert. Auch wird ein Unternehmen sich schwer tun, Community Management oder Open Branding zu betreiben, wenn das Bewusstsein der Markenverantwortlichen nicht integral dialogisch, sondern auf Status und Hierarchie ausgerichtet ist.

Die Rolle des Markenverantwortlichen

Natürlich verändert sich je nach Evolutionsstufe der Markenführung auch die Rolle des Markenverantwortlichen. Gehörte er im klassischen Zeitalter noch zum Typ des Werbers, der über monologische Kommunikation das Markenbild in den Köpfen der Kunden verändern wollte, entspricht er im heutigen modernen Marketing eher einem Manager, der versucht, das Unternehmen marktorientiert auszurichten und seine Kunden über Produktgestaltung, Kommunikation, Vertrieb, Preisgestaltung und Mitarbeitermotivation zu beeinflussen. In der dritten, der GOOD Brand-Management-Stufe wird der Markenverantwortliche zum Moderator, Wertevermittler und Meister des Wandels. Ein integrales Markenverständnis setzt voraus, dass die Werte intern glaubwürdig entwickelt, über Markenbotschafter in allen Bereichen auf die Alltagsprozesse angewandt und von innen nach außen den Kunden erlebbar gemacht werden. Seine Ansprechpartner sind so auch nicht mehr primär die Agenturen, sondern die Markenbotschafter, die mehrere hundert Markenkontaktpunkte mit den Kunden in ihren jeweiligen Bereichen verantworten. Mit dem Entwicklungsschritt zum GOOD Brand-Management verschiebt sich die Aufgabe des Markenverantwortlichen dahin, die Marke nach innen, insbesondere zu den Mitarbeitern hin zu entwickeln. Gleichzeitig muss er dafür sorgen, dass die zur Unternehmensidentität und zu den Unternehmenswerten passenden Mitarbeiter rekrutiert, weiterentwickelt und im Sinne der Marke gefördert werden. Eine solche Führungskraft nimmt nicht mehr die Zielgruppen ins Visier und versucht, diese zu manipulieren oder durch lustige Spots zu unterhalten, sondern geht über Online- oder Offline-Medien in den direkten Kundendialog. Sie holt sich Kunden-Feedbacks in Echtzeit, sorgt für den Aufbau offener Innovationsforen, kümmert sich um die Pflege der Mar-

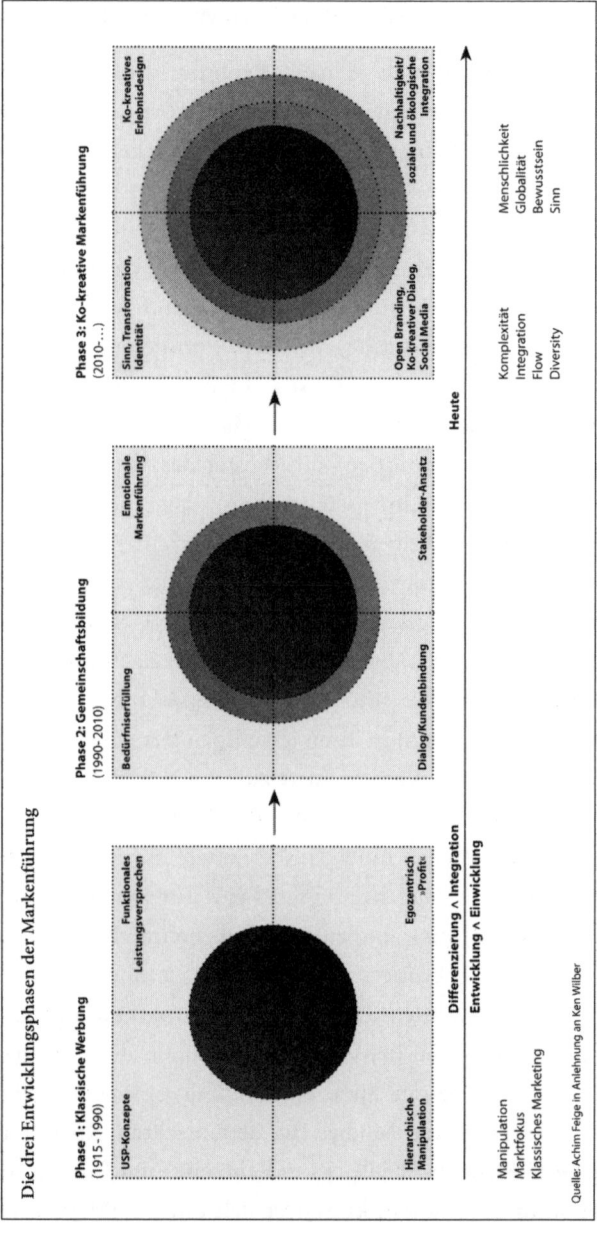

Die drei Entwicklungsphasen der Markenführung

Phase 1: Klassische Werbung
(1915 - 1990)

USP-Konzepte

Funktionales
Leistungsversprechen

Egozentrisch
»Profit«

Hierarchische
Manipulation

Phase 2: Gemeinschaftsbildung
(1990- 2010)

Bedürfniserfüllung

Emotionale
Markenführung

Stakeholder-Ansatz

Dialog/Kundenbindung

Phase 3: Ko-kreative Markenführung
(2010-....)

Ko-kreatives
Erlebnisdesign

Sinn, Transformation,
Identität

Nachhaltigkeit/
soziale und ökologische
Integration

Open Branding,
Ko-kreativer Dialog,
Social Media

Differenzierung ∧ Integration
Entwicklung ∧ Einwicklung

Heute

Manipulation
Marktfokus
Klassisches Marketing

Komplexität
Integration
Flow
Diversity

Menschlichkeit
Globalität
Bewusstsein
Sinn

Quelle: Achim Feige in Anlehnung an Ken Wilber

kenfans und fordert sie auf, die Marke weiterzuentwickeln. Natürlich werden die klassischen Erfolgsfaktoren wie Bekanntheitsgrad, Werbeeffizienz und andere Zahlen, die den Kommunikationserfolg belegen, ergänzt durch den Wertbeitrag der Marke, durch Mehrpreis, Kundenbindung, Cross Selling- und Weiterempfehlungsrate. Hinzu kommt aber auch ein systematisches 360-Grad Markenkontaktpunkt-Management mit der dazugehörigen Steuerung und einem Mitarbeiter-Werteindex, der die Identifikation der Mitarbeiter mit der Marke deutlich macht. In Zukunft werden wir neuartige Kennzahlen wie etwa die Anzahl der Kunden-Feedbacks, produktive Nennungen in Kundenforen oder auch die Anzahl der mit Kunden gemeinsam entwickelten Produkte sehen. Dadurch wird das Aufgabenfeld des Markenverantwortlichen anspruchsvoller, aber auch interessanter.

Markentypologien

Mit Hilfe der GOOD Business-Matrix lassen sich nun je nach erreichtem Entwicklungsstand bestimmte Typen integraler und nicht integraler Marken einfach unterscheiden:

Funktionale Leistungsmarken

Funktionale Leistungsmarken sind oft Business-to-Business-Marken, aber auch im Segment der Fast Moving Consumer GOODs (FMCG) oder in technikorientierten Gebrauchsgütermärkten zu finden. Sie versprechen ihren Käufern rein funktionalen Nutzen. So könnte der Slogan »Wäscht weißer als weiß« stellvertretend für all die Werbeaussagen stehen, die in Form monologischer TV-Kampagnen ausgestrahlt werden und nur einem Ziel dienen: möglichst viel Ertrag zu erwirtschaften. Im Kern stellen diese

Marken ihre Leistungswerte und ihren funktionalen Mehrwert im Vergleich zum Wettbewerbsprodukt heraus und inszenieren diese im Wesentlichen über monologische Medien, die im B2B-Bereich um Vertriebs- und Kundengespräche ergänzt oder über dialogische Messeveranstaltungen eingesetzt werden. Der nächste Entwicklungsschritt für solche funktionalen Leistungsmarken besteht darin, sich im **Markenbewusstsein** von der reinen Funktion zu lösen und einen höheren Grad an Individualisierung und Bedürfnissegmentierung zu erreichen – ein Schritt, der nicht von innen nach außen, sondern von außen nach innen erfolgt. Insofern werden nicht Produkte angeboten, sondern die Lebensknappheiten der Kunden bedient. So wäre etwa ein Heizungsunternehmen besser positioniert, wenn es Wärme anstatt Wärmepumpen verkauft. Im **Markenperformance**-Quadranten oben rechts sollten nicht nur Funktion und Nutzen in den Fokus gestellt, sondern an allen relevanten Markenkontaktpunkten eindeutige differenzierende Markenerlebnisse geschaffen werden. Im Quadranten unten links geht es darum, sich im Umgang mit der **Markengemeinschaft** ein Stück zu öffnen und in einen aktiveren Kundendialog zu treten, um so spezifisch herausarbeiten zu können, was Kunden wirklich wollen. Wenn alle drei Elemente gut aufeinander abgestimmt sind, kommen auch eventuell vorher erarbeitete Nachhaltigkeitsprinzipien, die im Quadranten **Markenumfeld** unten rechts vermittelt werden, am besten zur Geltung.

Egoistische Powerbrands im Web

Will man die Ursachen des weltweiten Erfolgs, aber auch mögliche Probleme speziell von so großen Internet-Marken wie Apple, Google und Amazon erklären, eignet sich die integrale GOOD Business-Matrix für Marken hervorragend. Alle drei Marken haben gemeinsam, dass sie sich als Plattformen für ihre Kunden verstehen. In der GOOD Business-Matrix sind sie also im oberen rechten Quadranten als Plattform für **Markenperformance** angesiedelt. Apple unterstützt seine Kunden dabei, ihre Kreativität auszuleben und sich – durchaus mit einer Prise Narzismus versehen – individuell selbst zu verwirklichen. Google möchte die Informationen der Welt ordnen und sieht sich als Plattform für alle individuellen Informationsbedürfnisse und für Geschäftskunden, die mit Hilfe der angebotenen Informationen entweder durch Werbung oder durch Zuführung von Kunden sehr effizient Geschäfte machen. Amazon sieht sich als die einzigartige und zentrale Shopping-Plattform, auf der jeder Kunde seine individuellen Bedürfnisse immer besser befriedigen kann. Im **Markenbewusstseins**-Quadranten oben links stehen alle drei auf einem GOOD Business-Level der Selbstverwirklichung. Dabei spricht Apple den Archetypen des kreativen Künstlers und Ästheten und Google den ständig auf Informationssuche befindlichen, allseits Interessierten an, während Amazon das Portal für den maßlosen Glückssucher ist, weil die Marke für alle das Tor zur Lebenshilfe-Literatur, zur Unterhaltung, zu DVDs und zur Musik ist, die jedes Produkt der Welt per Mausklick live in 24 Stunden zu ihnen nach Hause schafft. Das heißt, in den oberen beiden individualistischen Quadranten sind diese Marken innen wie außen als Selbstverwirklichungs-Plattformen positioniert und haben damit eine unendlich multiplizierbares Werteversprechen entwickelt, weil jeder Kunde sich seine eigenen Besonderheiten bastelt, da es um sein persönliches Leben geht und die Marken nur die Plattform, die Befähiger dafür sind.

Blicken wir auf die Quadranten unten links, die Markengemeinschaft, und unten rechts, das Markenumfeld: Hier zeigt sich, dass diese Marken sehr unterschiedliche Ausprägungen haben. Apple erscheint im Hinblick auf Markengemeinschaft als ein absolut selbstbezogenes, hierarchisch-monologisch geführtes Unternehmen, das vergleichsweise sehr dominant und selbstbezogen bis zur Realitätsverleugnung agiert und als Entscheidungssystem extrem hierarchisch und geschlossen ist. So ignoriert Steve Jobs die menschenverachtenden Arbeitsbedingungen bei seinem chinesischen Zuliferer Foxconn oder die Empfangsschwächen bei seinem iPhone 4 und versucht, andere dafür verantwortlich zu machen. Amazon tritt weniger egoistisch und hierarchisch auf, integriert seine Kunden durch die Bewertung einzelner Angebote, das Bereitstellen eines Marktplatzes für eigene Produkte und weitere soziale Tools der dritten Entwicklungsstufe für GOOD Brands. So soll amazon.de/green die Suche nach ökologischen Angeboten erleichtern, wird aber leider kaum bekannt gemacht. Mit flacheren Hierarchien und dem Bestreben, alle Mitarbeiter gleich zu behandeln, liegt Google in Bezug auf seine inneren Werte zwischen den beiden Unternehmen. Nach außen steht der Nutzer im Mittelpunkt, der die gesuchten Informationen und viele hilfreiche Tools wie etwa Google Earth oder Maps, den Browser Chrome, Übersetzungsdienste oder die Volltextsuche für Bücher kostenlos erhält. Was das grüne Image von Google angeht, leidet der Suchmaschinen-Riese allerdings unter der Energie verschlingenden elektronischen Infrastruktur und setzt seit einiger Zeit verstärkt auf Ökostrom, während kleine Mitbewerber wie etwa Ecosia einen großen Teil der Werbeeinnahmen für ein WWF-Umweltprojekt zum Schutz des Regenwaldes spenden.

Das spannendste Feld in dieser integralen Perspektive ist nach wie vor das **Markenumfeld** unten rechts. Dort kann man sehen, dass sich das Internet-Trio Amazon, Apple und Google im Wesentlichen rund um den Profit, um Marktanteile und unternehmerischen Erfolg organisiert. In Sachen Nachhaltigkeit kommt Amazon über Mülltrennung, Wiederverwertung und andere ökologische Basismaßnahmen nicht hinaus. Und Apple reagierte lange Zeit überhaupt nicht auf die »Green IT«-Initiativen der Wettbewerber, bis diese mit neuen, umweltbewussten Notebook-Modellen drohten, ein Stück vom grünen Apfel anzuknabbern. Aber auch diese späte Reaktion erfolgte nur unter Druck von Greenpeace, welche die eingeschworene Apfel-Gemeinde dazu aufrief, ihre ökologischen Ansprüche direkt bei »Steve« anzumelden. Auf diese Weise bekam das Unternehmen die Macht der Konsumenten bereits 2007 bei der Aktion »Green my Apple« zu spüren. Mittlerweile gibt es sich umwelt- und auskunftsfreundlicher. Dennoch können die grünen Infoseiten zur Umweltbilanz nicht darüber hinwegtäuschen, dass es dabei eher um Imagepflege, denn um ein echtes Ökologie-Anliegen geht. Anders sieht die Situation bei Google aus. Wie der Umgang mit privaten Daten im Fall Google Street View zeigt, trägt das Unternehmen die Konsequenzen seines Handelns erst dann, wenn nationale Datenschützer aktiv werden. Damit verstößt es gleichzeitig gegen einen wichtigen Punkt in der eigenen Unternehmensphilosophie, der besagt: »Man kann auch Geld verdienen, ohne jemandem damit zu schaden.« Alle drei Power Brands im Web lösen sich nur schwer von ihrem egoistischen orangen Mem: Während sie bislang den einfachen Gewinn anstrebten, beginnen sie nun damit, die sozialen Konsequenzen der mangelnden Privatheit bei Google, der Marktdominanz im Online-Musikbereich bei Apple und im Buch-Versandhandel bei Amazon durch eine Art sozialökologischen Ablasshandel auszugleichen. Der dreifache Gewinn – People, Planet, Profit – spielt bei diesen Marken heute noch keine Rolle. Um wirklich zu GOOD Brands zu werden, müssten alle drei Unternehmen die sozialökologischen Konsequenzen ihres Handelns in das Geschäft integrieren, ihr moralisch-ethisches Bewusstsein stärken und ihren ökonomischen Einfluss entsprechend anpassen. Dann könnte Google den Spruch »Don't be evil« vorleben und Amazon wie Apple würden zur Umweltmarke aufsteigen.

Zu Ihrer Orientierung die Marke Apple hier in der Matrix verortet.

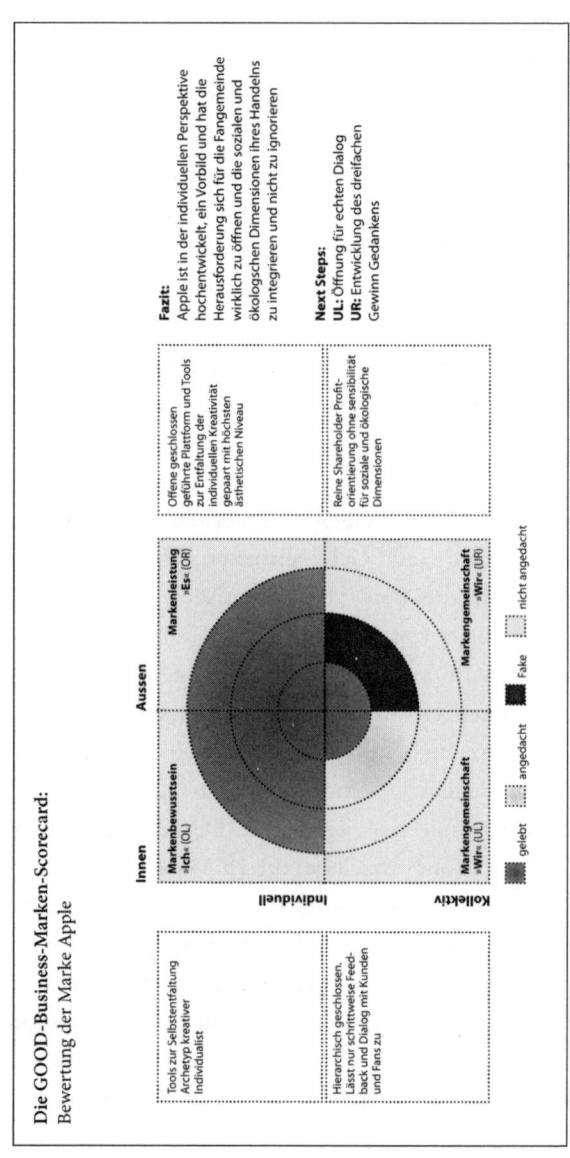

Die GOOD-Business-Marken-Scorecard:
Bewertung der Marke Apple

GOOD Business-Unternehmen

Baufritz – die Hausschneiderei

Baufritz als nachhaltigstes Unternehmen des Jahres 2009 hat einen glaubwürdigen Transformationsanspruch, einen Sinn und Zweck außerhalb seines eigenen Geschäftes. Schon seit 75 Jahren stellt das 1896 als Schreinerei gegründete Familienunternehmen Häuser aus dem Naturwerkstoff Holz her und gilt heute als Pionier des modernen ökologischen Holzbaus. Die Firma bekennt sich im **Markenbewusstsein** nach innen und außen zu den engen ökologischen, sozialen und ethischen Werten, die sie sich selbst gesetzt hat, und lebt ihr globales Verantwortungsbewusstsein vor. Auch in der vierten Generation werden die **Markenleistungen** »gesundes und naturnahes Wohnen und Leben« konsequent umgesetzt und in klaren Botschaften an die Markengemeinschaft kommuniziert. Der letzte Schritt zur horizontalen Gesundheit besteht nur darin, sich dieser **Gemeinschaft** stärker zu öffnen, um die neuen sozialen Medien beispielsweise für Open Innovation oder zur Weiterempfehlung stärker zu nutzen. Die größten Potenziale dieses GOOD Brand-Typs liegen sicherlich in der Vernetzung der Markengemeinschaft und in der Vermittlung der besonderen Leistungen über Story Telling sowie über die endgültige Verwirklichung des Plattform-Gedankens im **Markengemeinschafts**-Quadranten unten links.

Die UMPQUA Bank

Mit der Gründungsidee der »finanziellen Nachbarschaftshilfe« besaß die amerikanische UMPQUA Bank seit jeher eine ausgeprägte Serviceorientierung. Auch der Gemeinschaftssinn wurde bereits bei der Firmengründung 1953 in der Unternehmensphilosophie verankert. Als Benchmark für die außergewöhnliche Servicekultur, die alles mit allem verbindet, diente CEO Ray Davis

ein Hotel: Das Ritz Carlton stand in den 1990er Jahren Pate für
die Vision, den Bankbesuch zum einzigartigen Erlebnis für die
Kunden zu machen, diese auf emotionaler Ebene zu binden und
die Gemeinschaft mit einzubeziehen. Heute ist die Vorbildbank
für ihr außergewöhnliches Gesamtkonzept bekannt, das auf dem
in jeder Filiale ausgehängten Manifest beruht. »Welcome to the
World's Greatest Bank« ist zu begreifen als Versprechen, immer
besser zu werden, als Ausdruck der Überzeugung, dass Gutes tun
und Netzwerke zu knüpfen ein erstrebenswertes Ziel ist, und dass
es Wichtigeres im Leben gibt als Geld. Die besten Voraussetzungen für ein überzeugendes, vom Management vorgelebtes und
von der Belegschaft nach außen getragenes **Markenbewusstsein**
ausgestattet mit der klaren Vision, die lokalen Gemeinden mit
Geld und wirksamen Service zu unterstützen. Dieser soziale
Gedanke drückt sich zum Beispiel durch das 2004 eingeführte
Connect Volunteer Network aus, ein Programm, das jedem Mitarbeiter 40 Stunden pro Jahr an bezahlter Freizeit für die ehren-
amtliche Mitarbeit an Jugend-, Bildungs-, Umwelt- oder Sozial-
projekten ermöglicht. In Bezug auf die **Markenperformance**
bietet die Gemeinschaftsbank im Grunde typische Bankprodukte
und -dienstleistungen an, die sie um die Lebensphasen des Kunden schneidert. Darüber hinaus sieht sie sich als Plattform und
bietet Leistungen der Nachbarschaftshilfe wie »Businesstherapy«
an, wo Firmenkunden und Privatkunden vernetzt werden, um
sich gegenseitig zu unterstützen, ergänzt werden und dem Angebot ihre Räume den Kunden zur Verfügung zu stellen. Die
Umpqua Bank sieht sich zunehmend als Marktplatz, auf dem in
Filialen und Webseiten die lokalen Produkte ihrer Kunden besonders inszeniert werden und lokale Musiker auftreten und ihre
Musik downloadbar ist. Überraschungsmomente gibt es bei der
UMPQUA Bank viele – auch der Kaffeeklatsch oder die Einla-
dung der »Nachbarn« für »free ice cream« gehören dazu. Das Flag-

ship Store-Konzept der Filialen, in dem kulturelle Events das banküblichе Angebot um die gesellschaftliche Komponente erweitern, drückt bereits Offenheit für ko-kreative Erlebnisse innerhalb aller Markenkontaktpunkte aus. Eine ausgeglichene Work and Life Balance kennzeichnet die **Markengemeinschaft**. Sie ist Teil der Unternehmenskultur und gehört zu den nach innen gerichteten Kernwerten, die über die hohe Kundenzufriedenheit maßgeblich zum Wachstum beitragen. Das Geldinstitut rückte auf der Liste »100 Best Companies to Work For« des *Fortune* Magazins auf Rang 23 vor. Weit über klassisches Endkundenbanking hinaus ging die UMPQUA Bank 2007 mit der Eröffnung des »Innovation Labs« in ihrer Portland-Filiale, das gleichzeitig die Schnittstelle zum **Markenumfeld** bildet, und in modernem Hightech-Format daherkommt. Es bringt neue Ideen und innovative Projekte ein, wie unter anderem eine Projektionswand mit Touchscreen für die Information der Kunden, ein Internet-Café für Kunden und die Möglichkeit, sich per Video Konferenz- virtuell mit dem Bankberater unterhalten zu können. Das interaktive Instore Shopping-Angebot ist nicht nur die eigene Kundschaft gerichtet, sondern so wie die lokalen Musik-, Kultur- und Shopping-Events für alle offen. Mit dieser ungewöhnlichen Angebotskombination erhöht die Bank nicht nur den Nutzen für ihre Kunden, sondern auch für die Gemeinschaft und führt den Servicegedanken in eine neue, hybride Dimension. Dass sie das traditionelle Geschäft mit umweltverträglichen Angeboten wie etwa das Green-Street Lending-Programm anreichert, das Kleinfirmen und Eigenheimbesitzer kostengünstig zu Energieeffizienz verhilft, und sich die Verantwortung für die Umwelt auch auf die eigene Fahne geschrieben hat, versteht sich fast schon von selbst.

dm Drogeriemarkt

Als der Anthroposoph Götz Werner die Firma 1973 in Karlsruhe gründete, war das Geschäftsmodell Discount für Drogerieprodukte nahezu undenkbar. Doch Werners Konzept ging auf: Der Filialist wuchs kontinuierlich, expandierte schnell nach Österreich und später in die osteuropäischen Länder und umfasst heute mehr als 2200 Niederlassungen. Über die Jahre blieb die dm-Drogeriemarkt GmbH & Co. KG ihrem Prinzip, die Menschen in den Mittelpunkt aller unternehmerischen Aktivitäten zu stellen, treu. Neben der sozialen Einstellung des Gründers fand auch dessen unkonventionelle Vorgehensweise Eingang in den Code der Marke. Ergänzt um den Nachhaltigkeitsgedanken soll dieses Set an Kernwerten, das von der Führung engagiert vorgelebt wird, das **Markenbewusstsein** auch weiterhin prägen. Die Handelskette zeichnet sich neben dem breiten Sortiment und dem umfassenden Angebot an Naturprodukten vor allem durch ein gutes Preis-/Leistungsverhältnis aus. Die **Markenleistung** basiert zum einen stark auf der aktiven Preispolitik, die mehr als einmal die Mitbewerber aufschreckte. Das Unternehmen führte den Grundpreis ein, um Produktvergleiche zu ermöglichen, und legte Dauerpreise für je eine Viermonatsfrist fest. Die Preisgarantie blieb auch nach dem Wegfall des Rabattgesetzes 2001 erhalten. Ausgesprochen ungewöhnlich war zudem die Tatsache, dass dm – ganz im Gegensatz zur Mehrzahl der sonstigen Unternehmen – anlässlich der Euro-Einführung die Preise senkte. Bei gleichbleibend hoher Produktqualität, zu der auch die mehrfach ausgezeichnete Naturkosmetik-Eigenmarke alverde beiträgt, wirkt die kundenfreundliche Preisgestaltung positiv auf die Wahrnehmung der Marke und deren hohen Beliebtheitsgrad ein. Damit erfüllt die Drogeriemarktkette aber nur einen Teil ihres selbst erstellten Kundengrundsatzes, sich gegenüber Konsumenten und Mitbewerbern mit allen geeigneten Mitteln zu profilieren. Das soziale Engagement und die Umweltfreundlichkeit helfen als weitere Bausteine, eine bewusst konsumierende Stammkundschaft wenn nicht -gemeinschaft zu gewinnen. Beide Ausrichtungen wirken nach innen und außen auf die **Markengemeinschaft** weiter. Respekt und Fairness im Umgang mit der Belegschaft und den Partnern, aber auch Objektivität, Gemeinsamkeit, Team- und Dialogbereitschaft sind Mitarbeiterwerte, die auf das kundenfreundliche Klima an jedem Kontaktpunkt insbesondere in den Filialen ausstrahlen und deren Beliebtheit stärken. Jährliche Ausbildungsinitiativen, um junge Menschen in Lohn und Brot zu bringen, zeigen den sozialen Charakter des Hauses. Im Vergleich zu Wettbewerbern im Discountbereich agiert dm geradezu mit großer Offenheit, und die Community bedankt sich mit erfreulichem Feedback. Und da der schonende Umgang mit der Natur schon immer zum ideologischen Startkapital des Unternehmens gehörte, erstaunt es kaum, dass dm auch viele Auszeichnungen für sein umfassendes Nachhaltigkeitskonzept erhielt. Dazu gehört unter anderem der Hanse Globe 2008 für das hochmoderne und energieeffiziente Logistikzentrum Weilerswist. Im **Markenumfeld-Quadranten** macht sich dm auch mit interessanten Projekten einen Namen. Das Unternehmen ruft nicht nur die Kundschaft, sondern über das Internet die ganze Öffentlichkeit dazu auf, das eigene Leben nachhaltig zu gestalten. Als Nachfolgeprojekt der erfolgreichen Initiative »Sei ein Futurist« richtet sich der Wettbewerb »Ideen Initiative Zukunft«, den dm gemeinsam mit der deutschen UNESCO-Kommission durchführt und mit 1,5 Millionen Euro fördert, an engagierte Menschen, ihre eigenen Ideen für eine zukunftsfähige und lebenswerte Welt einzubringen. Über solche Nachhaltigkeitsprojekte hinaus fließt jährlich ein vielfach höherer Betrag an dm-Spendengeldern in die Töpfe von Kultur-, Sozial- und Wohltätigkeitsorganisationen. Im Markenumfeld-Quadranten ist es weniger die Frage, ob sich das große Engagement auszahlt.

Anliegen des Unternehmens ist es, über bestehende und potenzielle Kunden hinaus möglichst vielen Menschen eine positive Werthaltung zu vermitteln und über den Gewinn hinaus einen eigenen Beitrag für die Menschheit zu leisten.

Lululemon Athletica – der Shootingstar aus Kanada

Chip Wilson ist sozusagen ein Überzeugungstäter: Nach dem ersten Besuch eines Yoga-Kurses war dem Gründer von Lululemon Athletica klar, dass der meditative Sport die ideale Ergänzung zu seinem Surf-, Skate- und Snowboarding-Leben war. Was bei Sinn für Ästhetik für seinen technikaffinen Sport fehlte, war die geeignete Bekleidung. Begeistert von der fernöstlichen Ideologie, deren Zeit er für gekommen hielt, schloss er die Marktlücke und gründete kurzerhand ein Designstudio. Tagsüber wurden dort technische Textilien zu sportlich-schönen Kollektionen für schweißtreibende athletische Aktivitäten entwickelt. Und nachts wurde sie von den Yoga-Trainern im selben Studio auf die Einhaltung des Leistungsversprechens getestet. Dabei folgte Wilson seiner Vision, anderen Menschen mit sinnvollen, perfekt angepassten Produkten zu einem längeren, gesünderen und freudvolleren Leben zu verhelfen – eine Wertvorstellung, die direkt in die Mission des schnell wachsenden Unternehmens einfloss und dessen Identität bis heute prägt. Sie stellt den unverwechselbaren Code der Transformation und Selbstverbesserung für das ausgeprägte **Markenbewusstsein** von Lululemon Athletica dar, den Wilson in sieben Punkten festschrieb. Neben hoher Produktqualität spielen Integrität, ein ausgeglichenes Leben, Großzügigkeit gegenüber den Mitarbeitern, Großartigkeit und Spaß eine Rolle. Dass die funktionale Sportmode auf Produktleistung und -akzeptanz überprüft wird, trägt nicht nur zum authentischen Unternehmensauftritt bei. Die **Markenperformance** der »von Athleten für Athleten« gefertigten Kollektionen wird zudem durch das Lululemon-Manifest ergänzt, das mehr einer generellen Aufforderung zum guten, bewussten Leben entspricht und an allen Markenkontaktpunkten vorgelebt und gelehrt wird. Dort ist unter anderem zu lesen, dass Freunde wichtiger sind als Geld, dass Erfolg es erforderlich macht, die Worte »wünschen«, »sollen« und »versuchen« mit »ich will« zu ersetzen, und dass wir uns das, was wir der Erde antun, auch selbst antun. Die Kooperation unter Gleichgesinnten und der freundschaftlich organisierte Arbeitsprozess ließen schnell eine »Untergrundbewegung« entstehen, die sich über die Zeit zum ko-kreativen Mediations- und Sporterlebnis für die **Markengemeinschaft** entwickelte. Der kommunikative Charakter der 1998 in Vancouver, Kanada, gegründeten Firma entspricht sozusagen den »Digital Natives«. Sie lädt auf den unterschiedlichsten Social Media-Kanälen wie etwa dem eigenen Blog, auf Flickr, Facebook und Twitter zur offenen Kommunikation ein und pflegt einen starken Dialog über ihre Markenbotschafter. In »Graswurzelbewegungen« und »Unternehmensaktionen« tragen sie das Unternehmensvermächtnis – so der Lululemon-Ausdruck für Coporate Social Responsibility – nach außen. »Advokaten«, die persönliche Verantwortung übernehmen, sollen die Art und Weise des Geschäftemachens und damit die Welt verändern. Über 100 Support Store-Mitarbeiter und die Beschäftigten in den Lululemon-Shops motivieren sie, »das Richtige zu tun« und helfen, die von ihnen eingebrachten Inspirationen für Unternehmens- und Filial-Events, in die Tat umzusetzen. Von wöchentlich in den Shops angebotenen öffentlichen Yoga- und Fitnesskursen, die von ehrenamtlichen »lokalen Markenbotschaftern« gegeben werden, über Kunstveranstaltungen oder Gesundheits- und Diät-Vorträgen bis hin zu neuen Recycling-Ideen oder monatliche Einladungen zum Brunch sind inspirative – und Kunden gewinnende – Aktivitäten an der Basis keine Grenzen gesetzt. Davon können sich Interessierte auf der Homepage überzeugen, wo Making Choices Videos über viel mehr als nur die Detailaktivitäten der Lululemon Society informieren, sondern Kunden auffordern, sich Ziel für ein glückliches Leben zu setzen. Im **Markenumfeld** trägt auch der Code of Conduct mit eng definierten GOOD Business-Regeln für die mittlerweile 2600 Beschäftigten zur horizonalen Gesundheit des Unternehmens bei. Er liegt auch der Zuliefer- und Kooperationspartnerwahl zugrunde. Die eng ausgelegten neun Prinzipien, die sozialökologische Aspekte und ethische Firmengrundsätze umfassen, sind »nicht verhandelbar«. Für das Charitable Giving Programm werden aus den von Kunden, Freunden und Gästen der Lululemon Shops vorgeschlagenen Wohltätigkeitsveranstaltungen jährlich acht lokale Events ausgewählt, die von der Unternehmensführung unterstützt werden. Spenden nur des guten Gewissens wegen wäre für Chip Wilsons Ambitionen zu einfach: Er will schon die Gewissheit haben, dass jede Filiale eine echte soziale Wirkung auf die guten Beziehungen zur globalen Lululemon-Gemeinschaft hat. Und er will dazu beitragen, die Menschen gesünder und glücklicher – und damit die ganze Welt ein Stückchen besser zu machen. Als offene Aktivitäts-Plattform sind die Shops gemeinsam mit den Partnerschaften Gleichgesinnter und der Lululemon-Gemeinschaft integraler Bestandteil des Unternehmenserfolgs. Damit lässt sich die Beauty- und Transformationsmarke mit ihren 100 Geschäften in Kanada, den USA, Australien und Hongkong als nachahmenswertes Vorbild für GOOD Business empfehlen, welches seinen Aktienkurs verzehnfacht hat und deutlich schneller wächst als die Wettberber Nike und Reebok.

GLS Bank – die Hausbank des Jahres 2010

Als Vorbildbank für Nachhaltigkeit dient die bereits erwähnte GLS Bank, deren Unternehmensphilosophie heute noch auf den Gründerwerten gemeinnützig und gemeinschaftlich beruht. Seinen eigenwilligen Weg schlug der Rechtsanwalt und Gründer Wilhelm Ernst Barkhoff schon Anfang der 1960er Jahre ein. Für ihn bedeutete soziales Engagement, Kundengelder so anzulegen und zu verwalten, dass Mensch und Natur auf der Gewinnerseite stehen. Die drei nacheinander gegründeten Geldinstitute, die heute unter dem Namen Gemeinschaftsbank für Leihen und Schenken – oder kurz GLS Bank – vereint sind, basieren auf diesen Werten. Dass Geld für die Menschen da ist, ist keine leere Leitbildfloskel. Sie prägt die Ziele der ersten sozialökologischen Universalbank der Welt, drückt sich im **Markenbewusstsein** aus und wird von Kunden als authentisch wahrgenommen. Die enge Fokussierung auf ökologische, soziale und kulturelle Projekte, damals eine sehr kleine exotische Marktnische für Kunden tiefster Überzeugung, wurde bis heute konsequent durchgehalten, flexibel an neue Anforderungen angepasst. Die Bank ist heute die Nummer eins für den immer bewusster werdenden Bankkunden insbesondere in hochgebildeten modernen Schichten. Die positive **Markenperformance** basiert auf klassischen Bankdienstleistungen mit dem Unterschied, dass die Anlage des Kunden nur in Projekte und Aktivitäten zur Förderung der menschlichen Grundbedürfnisse (sozial) mit dem Ziel die Chancen zukünftiger Generationen (ökologisch) zu fördern bei angemessener Verzinsung (ökonomisch) angelegt wird. Neben Bildungs-, Umwelt- und Heilpädagogikprojekten werden mittlerweile Projekte im Ernährungs-, Gesundheits- und Energiebereich finanziert, ergänzt durch nachhaltige Baufinanzierung und ethisch–ökologische Investmentfonds, wobei das ursprüngliche Kerngeschäft und die guten Ideen zum Stiften und Schenken erhalten blieben. Damit deckt das Angebotsspektrum der GLS Bank neben den typischen Geschäften einer Hausbank ein in Deutschland umfassendes Portfolio an nachhaltigen Geldanlagen, Beteiligungsmöglichkeiten und Stiftungsberatung und Treuhanddienstleistungen mit der GLS Treuhand in Wirkungsfeldern ab, die heute hochrelevant und von immer mehr Kunden nachgefragt sind. Auf eine gute, das heißt angemessene Rendite müssen sie dabei nicht verzichten, denn sie können nicht nur »ihr« Lieblingsprojekt für die Geldanlage empfehlen, sondern auch den möglichen Zinssatz wählen. Mit dem Ziel, das Kapital der Kunden sinnstiftend »und« gewinnbringend anzulegen, bedient die Pionierbank für Windkraftfinanzierung aktuelle Lebensknappheiten der Menschheit, die über traditionelle USPs hinausgehen und künftig noch stärker zum Tragen kommen. Von 2007 bis Anfang 2010 nahm die Kundenzahl um knapp 13 beziehungsweise 18 Prozent pro Jahr zu. Insbesondere hat sich das Alter der Kunden in den letzten zwei Jahren um fast zehn Jahre reduziert. Nachhaltigkeit ist eben ein Thema für jüngere Menschen. Die Wachstumszahlen weisen darauf hin, dass Nachhaltigkeit und ein bewusster Lifestyle auch beim Thema Geld eine immer größere Rolle spielen. Innerhalb der **Markengemeinschaft** tragen Bankmanager und Angestellte die unter dem Motto »verbindlich, persönlich, transparent« gelebte Arbeitskultur nach außen, schaffen damit Kundennähe und bedienen eine weitere Lebensknappheit: Verantwortung für die Gemeinschaft. Zunehmend werden der Gemeinschaftsgedanke und Mitgliedsaktivitäten ausgebaut, da die GLS Bank als Genossenschaftsbank dem Verbund der Volksbanken Raiffeisenbanken angehört. Damit die Anleger den Einsatz und die Performance ihres Kapitals nachvollziehen können, wird auf allen möglichen Kanälen transparent informiert und kommuniziert. Dafür werden einerseits klassische Printmedien wie etwa das Kundenmagazin »Bankspiegel« genutzt, andererseits erfolgen Informationen an die

Markengemeinschaft zunehmend über Online-Kanäle. Als offene Plattform dient die GLS Akademie dem Erfahrungs- und Ideenaustausch engagierter Kundinnen und Kunden, schweißt die weltweiten Partnerinstitutionen zu einem starken Netzwerk zusammen und ist Inspirations- und Impulsgeber für alle Menschen, die an einer positiven Zukunftsgestaltung interessiert sind. Getreu ihrem Namen ist sie darüber hinaus eine Stätte für Workshops und weiterbildende Aktivitäten. Im eigenen Blog wird die Transparenz und Dialogbereitschaft weiter gefördert.

Der GLS Bank freundschaftlich verbundene Website-Besucher können sich mit ihr zudem auf der eigenen Firmenwebsite oder privaten Homepage verlinken. Dies alles trägt dazu bei, dass die Markengemeinschaft wächst und die Unternehmensziele weiter in die Öffentlichkeit getragen werden. »Geld ist für den Menschen da«, heißt es bei der GLS Bank. Da das Schicksal der Menschen aber direkt vom Zustand der Natur abhängig ist, wird es nicht nur als gestalterisches Mittel für soziale Zwecke wie Stiftungen, Schenkungen und Spenden für gemeinnützige Projekte eingesetzt, sondern dient über die Finanzierung vorbildlicher Ökologieprojekte auch direkt der Umwelt. Insofern wird das **Markenumfeld** bereits im wachsenden Angebotskatalog berücksichtigt. Die GLS Bank erfasst die ökologischen Auswirkungen ihrer Tätigkeit aber auch in einer regelmäßig erstellten Nachhaltigkeitsbilanz und gibt Auskunft über den stetigen Prozess zur Senkung des Ressourcenverbrauchs. Sie wurde gerade von Kunden und Börse Online zur Hausbank des Jahres 2010 in Deutschland gewählt.

Manomama – ein GOOD Business-Startup aus Augsburg

Manomama.de ist eine junge Plattform für biologische Bekleidung, die mit dem Motto »Besser für alle« von Müttern in der Region Augsburg zu übertariflichen Löhnen (sozialer Gewinn) schneidern lässt und an den Kunden innerhalb eines Tages versendet. Sie hat die vier Perspektiven der GOOD Business-Matrix zu 100 Prozent integriert **(Markenbewusstsein)** und bekam 2010 den Karmakonsum Gründerpreis. Die junge Firma öffnet sich nach allen Seiten, wie es sich für ein GOOD Business-Unternehmen gehört. In der **Markengemeinschaft** gibt es den Mitmachtreff für alle, die Designer werden wollen, und einen gut gelesenen Blog der Firmengründerin. In der **Markenperformance** liefert sie das gesamte Angebotsspektrum von der Bio-Mode für Babys bis hin zur Herrenmode. Und im **Markenumfeld** fördert sie mit speziellen Produkten, wie zum Beispiel dem »Plitsch.Platsch.Poncho«, gemeinnützige Zwecke, indem sie einen Anteil am Kaufpreis, hier 7 Euro spendet. Das saubere Etikett liefert noch die volle Transparenz über die verwendeten Materialien mit der Unterschrift derjenigen, die dieses Teil hergestellt haben.

Transformer auf dem Sprung

Für etablierte Konzerne wie Procter&Gamble, Unilever oder Nestle ist die Entwicklung von GOOD Brands die Chance, innerhalb ihres Konzerns zu lernen, wie man in einzelnen Marktsegmenten ein weiter und höher entwickeltes Werteset verwirklichen kann, um von dort aus positive Rückkoppelungseffekte für die Transformation des Gesamtkonzerns zu produzieren. Gute Markenbeispiele hierfür sind die Wasch- und Reinigungsmittelmarke Terra Activ von Henkel, die Kosmetikmarke Aveda von

Estée Lauder und die Hybrid-Automarke Toyota Prius. Da nicht alle diese Hersteller bereits ein ganzheitliches Verantwortungsbewusstsein entwickelt haben, sind auch die inneren Werte im **Markenbewusstseins-Quadranten** nicht vergleichbar, jedoch wird die ökologische **Markenperformance** der jeweiligen Produkte von allen aktiv kommuniziert. Auch hinsichtlich ihres Umgangs mit der **Markengemeinschaft** gehen die Anbieter unterschiedliche Wege. Ein Blick ins Web zeigt jedoch, dass sie stärker von der Community getrieben sind und daher mehr reagieren als selbst agieren. In diesem Feld besteht also noch Aufholbedarf. Auch wenn die meisten der Global Player ihre ökologischen und sozialen Bemühungen in CSR-Reports publizieren, verfolgen nur wenige einen ganzheitlichen Nachhaltigkeitsansatz. Insofern scheint es, dass die größte Herausforderung für sie darin besteht, ihre Ziele, Werte und Aktivitäten im **Markenumfeld-Quadranten** auszubauen. Mit einzelnen wertehaltigen Angeboten, welche die gesamte Produktpalette im Hinblick auf das wachsende bewusste Marktsegment abrunden sollen, sind die typischen Transformer-Marken also noch in der Testphase.

Vorzeigebeispiel für einen guten Start ist das Reinigungsmittel Terra Activ des Markenartikelherstellers Henkel. Der Versuch, Top-Leistung mit einer hohen Umweltverträglichkeit zu verbinden, ist allerdings nicht einfach. Obwohl im Durchschnitt 85 Prozent der Inhaltsstoffe auf nachwachsenden Rohstoffen wie etwa Zuckerrüben und Palmkernöl basieren, hat Letzteres aufgrund der zu starken Abholzung von Palmwäldern bereits wieder für Diskussionsstoff gesorgt. Dennoch ist es ein Schritt in die richtige Richtung, der von der ökologiebewussten Kundschaft auch honoriert wird. In seinen Unternehmenswerten hat sich Henkel schon früh verpflichtet, nachhaltig und sozial verantwortlich zu wirtschaften, und sieht in der Verbindung von wirksamem Umweltschutz und sozialem Fortschritt die Basis für wirtschaftlichen

Erfolg. Der im CSR-Bereich zu den global führenden Unternehmen zählende Konzern, der 2008 auch in Deutschland die Auszeichnung als nachhaltigste Marke erhielt, geht im Bereich der Markengemeinschaft einen Mittelweg: Er ist auf utopia.de, der größten deutschen Plattform für strategischen Konsum und Lebensstil, mit einem eigenen Unternehmensprofil vertreten, dokumentiert dort den Fortgang der Nachhaltigkeitsprozesse und öffnet sich damit für den Dialog mit der aktiven, aber auch besonders kritischen utopia-Community. Damit wirkt die Partnerplattform, auf der grundsätzlich nur Firmen auftreten dürfen, die Nachhaltigkeit in ihren Unternehmenszielen verankert haben und transparent darüber informieren, als Sprungbrett für Terra Activ und weitere ökologische Produktangebote des Markenherstellers.

Die »guten« Plattformen

Durch das Zusammentreffen eines neuen globalen Bewusstseins mit der Internet-Technologie entstehen sozusagen als Brücke, als Katalysatoren des Übergangs, überall neue Plattformen wie etwa TreeHugger.com, GOOD.is, GOODguide.com, oder die Selbstdarstellerplattform »we are what we do«. In Deutschland zieht etwa der sozialökologische Konsum-Infoservice Utopia viele Webnutzer an, und die jährliche Messe Karmakonsum ist mittlerweile das Versammlungsritual der guten Szene. Dies alles sind kommunikative Informationsplattformen, auf denen Menschen, Unternehmen, Marken und Non-Profit-Organisationen eine Gemeinschaft bilden und gemeinsam daran arbeiten, sich selbst und die Gesellschaft zu transformieren. Das **Markenbewusstsein** dieser Plattformen ist also ein integriertes Selbstverwirklichungsbewusstsein für einen höheren Zweck, eine bessere Welt. In diesem Sinne stehen sie für eine Transformation, eine Verbesserung der Ist-Situation. Ihre **Markenperformance** drückt sich im

Plattform-Gedanken aus, der ein »Matchmaking« von Lieferanten und Kunden, von Journalisten und Lesern, von sozialökologischen Selbstdarstellern und Gutmenschen ermöglicht, um ein ko-kreatives Weltverbesserungserlebnis zu erreichen. In der **Markengemeinschaft** sind sie alle prinzipiell auf frei zugängliche soziale Medien und offene Kommunikation angewiesen, die ja gleichzeitig ihr eigener Existenzzweck ist. Sie haben eine klare Haltung und klare Grenzen. Ihr Gründungsgedanke fußt auf dem dreifachen Gewinn, wobei für diese Marken die wesentliche Herausforderung darin besteht, neben dem sozialökologischen Gutmenschensein **(Markenumwelt)** auch den dafür nötigen ökonomischen Profit zu erwirtschaften.

Die GOOD Business-Gründer

Ausgehend von der realen Krise des aktuellen Wirtschaftssystems, gepaart mit den technologischen Möglichkeiten des 21. Jahrhunderts, gibt es gerade eine Vielzahl von GOOD Business-Gründern, welche die Gunst der Stunde, die Gnade der späten Geburt oder die Möglichkeit nutzen, sich im dritten Lebensabschnitt selbst zu verwirklichen, um ihren Geschäftszweck in die Realität umzusetzen. Er liegt im **Markenbewusstsein** und da in der Transformation für eine bessere Welt. Während Jungunternehmer die besten Aussichten für ihr Start-up-Business noch häufig im Web 2.0-Bereich sehen, sind ältere in allen Nachhaltigkeitssegmenten, vom Bio-Laden bis zur Mode aus Altkleidersammlungen vertreten. Beispiele hierzu gibt es viele, denn ihre Zahl wächst rasant. In Deutschland wäre etwa die gemeinnützige Stiftungs-GmbH Betterplace.org zu nennen, eine Internetplattform, auf der Menschen Hilfsprojekte weltweit auswählen und unterstützen können, wobei ihre Spenden zu 100 Prozent an die Bedürftigen weitergeleitet werden. Zu den ersten deutschen Social Business-Firmen zählt auch die HelpGroup GmbH, die unter anderem ein vergleichbares Spendenportal für internationale Hilfsprojekte in den Bereichen Humanitäres, Umwelt, Natur- und Tierschutz betreibt. Auf internationalem Parkett spielen unter anderem GlobalGiving. org oder GOODwill.org eine ähnliche Rolle, wobei Letztere weltweite Hilfsprojekte für Behinderte realisiert. Das Web eignet sich auch hervorragend, um über nachhaltige Produkte und Dienstleistungen zu informieren. So tauchten in den vergangenen Jahren immer mehr Informations- und Kommunikationsplattformen auf, die spezielle Nischen abdecken und in der Perspektive der Markengemeinschaft ihre Stärke haben. Im deutschen Markt ist etwa die Plattform EcoShopper des gemeinnützigen Vereins Fo.KUS Konsum, Umwelt & Soziales zu nennen, die den nachhaltigen Konsum fördern will. Mit nachhaltig-einkaufen.de will die Verbraucherschutz-Initiative e.V. kritischen Konsumenten glaubwürdige Informationen beschaffen, um sie zu mündigen und verantwortlichen Verbrauchern zu machen. Und ecolect.net, die Site von Designern für Designer, informiert ihre kreative Zielgruppe über ökologisch unbedenkliche Materialien, während der Blog betterandgreen.de ästhetisch perfekt gestaltete Öko-produkte in den Vordergrund stellt. Viele Plattformen und Blogs weisen auf Marken mit herausragender Öko-Performance hin, geben Shopping-Tipps und tragen mit konkreten Ratschlägen für ein ökologisch wie sozial sinnvolles Leben zum steigenden Nachhaltigkeitsbewusstsein bei. Noch etwas weiter gehen ihre Vorbilder im englischsprachigen Raum: So verfolgt beispielsweise Ashoka.org die Vision, jeden Einzelnen zum »Changemaker« der Welt zu machen. Und eine Vielzahl von Stiftungen wie die Skoll Foundation, Acumen Fund oder Seedinit.org helfen jungen und älteren Gründern, ihre weltverbessernden Geschäfte finanziell auf gesunde Beine zu stellen. In allen diesen Fällen liegt die wesentliche Herausforderung darin, in der **Markengemeinschaft** genügend Menschen für die jeweilige Idee zu begeistern. Das bedeutet, sie muss in der **Markenperformance** entsprechend vermittelt werden. Und natürlich muss der ökonomische Profit, wie bei den Plattformen auch, erst einmal erreicht werden. Sonst droht tatsächlich ein schöner Scheitern.

Negative Markentypologien

Natürlich lassen sich in dieser GOOD Business-Matrix für Marken auch negative Übertragungen darstellen. Dazu gehören grundsätzlich vier Typen von Marken:

Verborgene Marken

Verborgene Marken, die im oberen linken Quadranten im Markenbewusstsein eine hohe Ausprägung haben, aber nicht in der Lage sind, ihre Spitzenleistungen im oberen rechten Quadranten deutlich zu machen und dem Kunden sinnlich zu vermitteln, werden nicht erfolgreich sein. Weil sie eben ihre spezifischen Werte und differenzierenden Leistungen nicht vermitteln, wirken sie austauschbar, müssen Rabatte geben und Kosten senken, um zu überleben. Denn was nicht wahrgenommen wird, ist eben nichts Wert und wird nicht bezahlt. Hier gilt es, ein Markenkontaktpunktprogramm zu starten und einen Kundenerfahrungs-Verantwortlichen zu etablieren.

Greenwasher Brands

Marken, insbesondere die Rohstoff- und Energiekonzerne, die gerne mit Kommunikation über Nachhaltigkeit vorneweg gehen und sich mit Corporate Social Responsibility-Berichten schmücken, haben erhebliche Defizite im Spitzenleistungsbereich der Markenperformance (oben rechts) und zeigen im Markenumfeld-Quadranten eher eine kommunikative denn eine sozialökologische globale Ethik, die sich gerne in CSR-Berichten und -Broschüren erschöpft. Hier gilt es, den dreifachen Gewinn zu etablieren und ein echtes GOOD Business-Bewusstsein zu entwickeln und dieses mit echten, glaubwürdigen Spitzenleistungen im sozialökologischen Bereich zu unterlegen – und nicht nur so zu tun, als ob.

Wanna-Be's: Werbefinanzierte Kreativblasen

Dazu gehören Marken, die im oberen linken Quadranten keine eindeutige Identität und kein Wertebewusstsein besitzen und daher auch keine spezielle Haltung ausdrücken können. Sie orientieren sich an Markforschungen und dem Wettbewerb und nicht an ihren spezifischen Werten und Prinzipien. Wenn sie darüber hinaus immer noch geschlossen monologisch kommunizieren und sich kaum ihrer Markengemeinschaft öffnen, bieten sie in der Markenperformance oben rechts auch mehr oder minder austauschbare Leistungen an, die sie mit Kreativkonzepten zu vertuschen suchen. In der Regel versuchen sie, dies durch viele emotionale Kreativkonzepte zu kompensieren. Sie schaffen in der Werbung Illusionen, welche innen nicht bekannt und gelebt und außen für den Kunden schon gar nicht geleistet und erlebt werden. Dieses »Als Ob«-Illusions-Phänomen war zum Teil schon das Selbstverständnis der Marketing- und Kommunikationsszene, welches zunehmend, wie mehrfach beschrieben, unter Druck kommt.

Man sehe sich beispielsweise die Marke Opel an. Ihr Kernproblem ist die mangelnde Identität und der mangelnde Markenwille. Man orientiert sich dort eher am Wettbewerber, am Zeitgeist in der Werbung und nicht an seiner spezifischen Identität. Eigentlich schade.

Imperiale Machtmarken

Marken mit herrschaftlichen Ansprüchen im Sinne des roten Mems, die danach streben, ihre Einflussbereiche und ihre wirtschaftliche Macht immer weiter auszudehnen, versinnbildlichen den Turbokapitalismus der letzten Jahre. Solche Weltmachtmarken gibt es in jedem Sektor, wobei im Finanzbereich stellvertretend die Großbank UBS oder in der Technologiebranche der Software-Hersteller Microsoft zu nennen sind. Da sie sich in ihrem Egoismus- und Machtdenken hauptsächlich auf die oberen beiden Quadranten, das Markenbewusstsein und die Markenperformance konzentrieren, sich allenfalls der eigenen Markengemeinschaft und nur zögerlich gegenüber dem gesamten Markenumfeld öffnen, laufen sie Gefahr, das wachsende Bewusstsein für nachhaltige Werte der heutigen Kunden, vor allem aber das Weltbewusstsein künftiger Generationen zu verschlafen.

What's GOOD?

Ein markenzentriertes GOOD Business-Unternehmen wird eine einzigartige Ausstrahlung und Anziehungskraft entwickeln, da es heute schon die zu seinen Werten passenden und motivierten Mitarbeiter anzieht, über die Markenkontaktpunkte ein starkes personalisiertes Markenerlebnis produziert und als Folge ein hohes Preispremium erzielen kann. Solche integriert authentischen Unternehmen haben Fans, die sie leidenschaftlich weiterempfehlen und damit ihr Wachstum fördern. Sie sind Teil einer Markengemeinschaft, mit der sie einen offenen Dialog pflegen und deren Kreativität sie für ihre Innovationen nutzen. Und sie stiften für alle Stakeholder einen nachvollziehbaren Nutzen. Sie erzielen einen dreifachen Gewinn, indem sie die Schmerzpunkte, Lebensknappheiten und Entfaltungswünsche ihrer Kunden und/oder gesellschaftliche Problemstellungen lösen, dabei auf die ökologischen Konsequenzen achten, im besten Fall die Chancen zukünftiger Generationen fördern und dafür einen guten ökonomischen Gewinn erzielen. Um ein solches Unternehmen zu schaffen, gilt es zu wissen, was in den vier Perspektiven ihr Unternehmen zu einer zu einer GOOD Brand werden lässt, die all diese Werte und Leistungen in allen Dimensionen verdichtet und ausdrückt. Orientieren Sie sich dabei an der Grafik auf Seite 123, in der die 4 Perspektiven dargestellt sind.

Das Markenbewusstsein: Von der nützlichen Bedürfnisbefriedigung zur Selbstverwirklichung und Entfaltung

Das Markenbewusstsein ist mit seiner Vision, mit seinen Werten, Wünschen und Zielen in der Unternehmens- und Markenführung der wichtigste Quadrant, mit dem man in der Analyse und Entwicklung starten soll. Er legt fest, ob ein Unternehmen und seine Marke eine GOOD Brand sein kann oder nicht. Wenn Unternehmen nur Geld verdienen wollen, Produkte vermarkten, aber keine Ziele oder eine Mission darüber hinaus haben, ist es nicht möglich ein übergeordnetes Werteset in die Marke zu integrieren und in den anderen Quadranten zu entfalten. Wenn aber das Management mit ihrem Unternehmen einen Beitrag zur Erhöhung der Lebensqualität leisten will oder einen bestimmten Wert wie »Freiheit« in seinem Umfeld verwirklichen und einprägen will, ist die Bewusstseinsbasis für eine GOOD Brand gegeben. Auf dieser integralen Stufe bieten Marken nicht nur einen funktionalen Nutzen, eine einfache nützliche Problemlösung oder befriedigen Bedürfnisse beziehungsweise Knappheiten, sondern sie bieten zusätzlich Werte und Angebote zur Selbstentfaltung und Selbstverwirklichung an. Sie sprechen nicht nur die unteren

Stufen der menschlichen Bedürfnisse und Spiral Dynamics-Stufen (beige bis grün), die Defizitbedürfnisse von Überleben, Sicherheit, Bindung, Dominanz, Status, Erfolg, Selbstdarstellung und Gemeinschaftsbildung an. Sie bieten darüber hinaus mit ihren Werten und Leistungen zusätzlich ein klares Identifikationsangebot zur Selbstverwirklichung der Kunden, Mitarbeiter und im besten Falle aller Partner an.

Selbstverwirklichung wird leider oft mit Selbstdarstellung oder verkürzt mit dem Ausleben egoistischer Verhaltensweisen verwechselt und damit in Misskredit gebracht. Hinter dieser letzten Stufe der menschlichen Bedürfnisentwicklung steht ein ganz anderes Motiv: Es ist keine Knappheits-, sondern eine Wachstumsmotivation. Es ist die Motivation, sich zu entwickeln, das heißt das, was in einem selbst angelegt ist, herauszuentwickeln. Diese Bedürfnisse werden daher auch »being needs« genannt, die Bedürfnisse des Seins. Denn Menschen, die diese Stufe – die gelbe und türkise Ebene im Spiral Dynamics-Wertesystem – erreicht haben, sind autonome Persönlichkeiten, die sowohl in der Lage sind, Introspektion zu betreiben, das heißt, ihr inneres Erleben korrekt einzuschätzen, als auch ihr eigenes Verhalten im jeweiligen sozialen Umfeld objektiv zu beurteilen. Für den Aufbau persönlicher Beziehungen ist beides wichtig. Diese Menschen widersetzen sich einer grobschlächtigen kulturellen Eingliederung. Sie versuchen nicht, größer zu erscheinen, indem sie andere kleiner machen. Sie besitzen im Gegenteil sich selbst und anderen gegenüber eine hohe Akzeptanz und verstehen es, sich spontan auf veränderte Rahmenbedingungen einzustellen. Dabei schließt die Idee, sich selbst weiterzuentwickeln, den eigenen Einsatz für gesellschaftliche Interessen, die auf Gemeinschaftssinn, Mitgefühl und Menschlichkeit basieren, nicht aus. Diese Menschen sind offen und kreativ. Sie besitzen hohen Erfindungsreichtum und sind eher Originale denn Kopien.

GOOD Brands, integrale Marken, sprechen dieses Level der Selbstverwirklichung zusätzlich zu den Basisleistungen und Lebensknappheiten an. Zum Beispiel Whole Foods Market, der nach »amerikanischen Maßstäben« weltweit führende Organic Food-Supermarkt. Auf der untersten Ebene des Produktnutzens bietet er frische und reichhaltige Bio-Lebensmittel an, unterstützt auf der Ebene der Lebensknappheiten aber auch Kunden, Zulieferer, Partner und die Öffentlichkeit mit einem ausgeklügelten Service-Konzept für ein besseres bewusstes Ernähren, welches die Lebensknappheit und Sehnsucht nach guter Gesundheit oder ewiger Jugend befriedigt. Für Kunden und Interessenten stehen Aufklärungs- und Bildungsangebote über biologisch produzierte Lebensmittel und deren Inhaltsstoffe im Mittelpunkt. Neue wissenschaftliche Erkenntnisse werden in »Take Action Centers« oder auf der Webpage bekanntgemacht. Zudem gibt es dort vielfältige Ernährungstipps und ein ständig wachsendes Repertoire an Rezepten für gesunde und wohlschmeckende Gerichte. Kleinbauern, die ökologisch einwandfreie Produkte liefern, werden mit einem speziellen »Local Producer Loan Program« unterstützt. Und die über zwei Millionen Dollar, die während der »Whole Planet Foundation Annual Prosperity Campaign« 2010 gespendet wurden, fließen insgesamt in ein Mikrokreditprogramm für verarmte Frauen aus den Zuliefergemeinden in den verschiedenen Entwicklungsländern. Mit diesem Maßnahmenbündel stärkt der Bio-Supermarkt das Gemeinschaftsgefühl (grünes Mem) unter allen Stakeholdern. Er verknüpft die Öko-Marke aber auch intelligent mit aktuellen Themen über Gesundheit und Lebensqualität, trägt zur Armutsbekämpfung in Drittweltländern bei und sorgt mit hohen Nachhaltigkeitsansprüchen gleichzeitig für den Erhalt des Planeten. Damit lädt sich die Marke mit einem höheren Zweck »für eine bessere Welt« auf und spricht dabei das türkise Mem der Ganzheitlichkeit an. Whole Foods ist also ein gutes Beispiel, wie man auf den drei aufeinander aufbauenden Ebenen des Nutzens, der Lebensknappheit und der Selbstverwirklichung und Entfaltung spielen kann, um mit so einem Markenbewusstsein eine integrierte GOOD Brand zu werden.

Wie Sie sehen, können Marken diese drei Angebotsebenen Basisnutzen, Lebensknappheit und die Stufe der Selbstverwirklichung, der Transformation nutzen, um sich auf jeder einzelnen zu differenzieren. Überlegen Sie, was Sie auf welche Ebene anbieten und wo Ihre Differenzierungsmerkmale zum Wettbewerb, die Sehnsüchte der Kunden und die Lücken insbesondere auf der integralen Ebene der Selbstverwirklichung liegen. GOOD Brands sind Transformatoren und Identitätsstifter und keine reinen Bedürfnisbefriediger. Wobei die Basisleistungen immer stimmen müssen. Das versteht sich von selbst.

Die Dimensionen echter Selbstverwirklichung

Wenn Menschen alles haben, werden sie zu Persönlichkeitsentwicklern, sind auf der Suche nach Sinn, nach ihrer Identität, nach ihrem Selbst. Dabei folgen sie meistens unbewusst sogenannten Archetypen, universell gültigen, kultur- und zeitlosen Urbildern in der menschlichen Seele, die vor allem in Träumen vorkommen. Da diese Urbilder – zum Beispiel der König, der Verführer, der Held, der Entdecker, der Weise, der Rebell usw. – fest im Unterbewusstsein verankert sind, eine allgemeingültige Sprache sprechen und globale Symbolkraft besitzen, gehen Wissenschaftler davon aus, dass sie das Denken und Handeln unbewusst immer beeinflussen. Apple nutzt beispielsweise den Archetypen des kreativen Rebellen, während die Deutsche Bank den des Königs verwendet. Einmal besetzt und gelebt sind sie Markenbastionen, die kaum noch bezwungen werden können, außer man gibt sie eben durch mangelnde Spitzenleistungen selbst auf.

Neben den Archetypen beeinflussen uns unter anderem auch die Merkmale, die sich aus den sieben Todsünden (Völlerei, Unkeuschheit, Habsucht, Trägheit, Zorn, Neid, Stolz) der christlichen Wurzelsünden- und Leidenschaftenlehre ergeben. Die Überwindung der sieben Laster ist Motor der Selbstentfaltung und Selbstverwirklichung und findet ihren modernen Ausdruck im Konsum als Versuch, von ihnen erlöst zu werden. In den heutigen Industriegesellschaften haben die biblischen Todsünden längst ihre abschreckende Wirkung verloren, können dennoch − im Positiven wie im Negativen − als die unbewussten Treiber der Wirtschaft betrachtet werden. So kann die Wirtschaftskrise als direktes Resultat der Habgier gelesen werden und der Geiz, ihr kleiner Bruder, ist, weil geil, längst auch keine Sünde mehr. Hochmut kommt nicht mehr vor dem Fall, sondern erst im allabendlichen TV-Programm, wo er in Form nachahmenswerter Eitelkeit auftritt − und manchmal sogar neidisch macht. Die Sünden spielen eine im wahrsten Sinne des Wortes große Rolle auf der TV-Bühne, auf der Zorn und Wollust in unterschiedlichster Intensität als Handlungstreiber nicht wegzudenken sind. Die Folgen der Völlerei werden allenfalls noch als Frage und Problem für Schönheitschirurgen diskutiert und ein auf Gaumenfreuden spezialisierter Händler wie etwa das Züricher Jelmoli mit seiner »Gourmet Factory« freut sich, mit der Präsentation der 14 000 Spezialitäten aus aller Welt das Publikum zum ausgiebigen Schlemmen aufzufordern. Die Todsünden sind »marktreif« geworden, gehören zum Lifestyle und prägen unsere Konsum- und Informationsgesellschaft, auch wenn neuerdings ihre Gegensätze, die Tugenden − Weisheit, Gerechtigkeit, Tapferkeit, Mäßigung sowie Glaube, Liebe, Hoffnung − wieder etwas mehr in den Vordergrund treten. Der zeitgemäßen Art, die Balance zwischen sündigem und tugendhaftem Leben wieder herzustellen, entspricht es beispielsweise, sich ein Auto zu kaufen, das sündhaft teuer und schön ist, aber Gutes tut, weil es nur mit

Batterie fährt. Der Tesla als erster tugendhafter Prototyp des sündhaften Sportwagens der Zukunft ist schon für 100 000 Euro zu haben. Das heißt, Marken sind zum einen Ausdruck eines sündhaften Lebens, werden sich aber auf der integralen Stufe ihres Markenschattens bewusst und versuchen ihn zur »guten Sünde« zu integrieren. Wie den Tesla gibt es viele Beispiele – auch schwächere Ablasshandelskonzepte wie etwa die Aufforstung von Wäldern, deren Holz man zuvor verbraucht hat, gehören dazu.

Auf dieser Stufe sind Marken mehr und mehr Identitätsstifter und Plattformen der Selbstentwicklung und nicht mehr nur Bedürfnisbefriediger und Qualitätssiegel, weil immer mehr Menschen das reine Defizitlevel der Bedürfnisse verlassen. Weil sie zuviel haben und zu wenig sind. Und weil sie auf der Suche nach sich selbst und nach der Qualität des Lebens nach Glück streben, es in materiellen Dingen aber nicht mehr finden. Also suchen sie Orientierung und Inspiration auch bei Marken, die ihnen zeigen, wie sie sein könnten, wenn sie wollten. Marken sind heutzutage artifizielle Transformatoren des Bewusstseins, mit deren Hilfe man über sich hinaussteigen kann. Tesla, Apple, Lululemon Athletica, die GLS Bank oder der Lanser Hof können das Wachstumsbedürfnis nach Selbstentfaltung und Transformation ansprechen, indem sie sich als Plattformen der Selbstentwicklung positionieren, konkrete Produkt- und Dienstleistungsangebote dazu anbieten oder Geschichten zur Weiterentwicklung als Identifikationsangebot erzählen.

So wie Lululemon Athletica ein besseres und gesünderes Lebens verspricht, wenn man ihre Yogakleidung kauft und sich in individuellen oder öffentlichen Yoga-Sessions zu einem besseren Mensch wandeln lässt, gibt es viele reine Performance-Marken wie Nike oder Adidas.

Im Zeitalter des materiellen Überflusses, in dem die Frage nach dem Sinn und Zweck des Handelns für viele immer virulenter wird, werden an Marken also deutlich veränderte Erwartungen gestellt. Erwartungen, die jenseits der plumpen Bedürfnisbefriedigung liegen und deswegen auch nur jenseits des Prinzips des reinen Geldverdienens zu erfüllen sind. Die Kunden stellen sich also die Frage nach dem Sinn und Zweck ihres Handelns und erwarten in zunehmendem Maße, dass auch Marken einen Sinn bieten und neben guten Basisleistungen für einen guten Zweck stehen. Marken wie die erwähnte GLS Bank, Patagonia oder Whole Foods sind ein gutes Beispiel, wie man diese Sehnsucht nach Sinn ansprechen kann. Sie haben einen klaren Auftrag und handeln nach ihrer Berufung.

Der dritte Aspekt der Selbstverwirklichung liegt darin, sich überraschen zu lassen, das heißt, Marken machen den Kunden ein Angebot, das sie gut finden, an das sie vorher aber nicht dachten. So ist die Zürich-Versicherung die erste Versicherung, die nicht nur die Folgeschäden negativen Stresses versichert, sondern einen Service gegen den Burnout anbietet. Mit der Aussicht, sowohl Karriere zu machen, als auch Stress zu vermeiden, befähigt sie ihre Kunden proaktiv, ein gesunder Mensch zu sein oder zu werden. Die Hotelkette Six Senses wiederum sorgt für positive Überraschung bei den neu eintreffenden Gästen dadurch, dass sie von jedem einzelnen Hotelbediensteten mit ihrem Namen angesprochen werden. Und die amerikanische Reisemarke für die Kreative Klasse, Jet Blue, heute eine Tochter der Lufthansa, überrascht ihre Kunden mit individuellem Satellitenfernsehen an jedem Sitzplatz, nicht nur in der Business, sondern auch in der Economy Class.

Echte Selbstverwirklichung bedeutet auch immer, Verbesserung erreichen zu wollen – an sich selbst und an seinem persönlichen Umfeld. Den Wunsch nach Selbstverbesserung zu erfüllen, haben Marken vor allem im Konsumgüterbereich schon immer versprochen. Doch auch dieses Leistungsversprechen musste den heutigen Erwartungen angepasst werden, wie etwa bei der Seife Dove, die der Mischkonzern Unilever ursprünglich für das Militär entwickelte. Unter dem Namen »Dove Beauty Bar« trat sie ihren Siegeszug als Marke der Schönheit bereits vor 50 Jahren an. Inzwischen wurde das Markenprofil auf weitere Produktlinien im Körperpflege- und Kosmetikbereich übertragen. In den letzten Jahren konnte der Dove-Bekanntheitsgrad durch eine neue Art, Werbebotschaften an die Frau zu bringen, gesteigert werden: Mit Models aus der Zielgruppe setzten die Marketingverantwortlichen der perfekt gestylten, schlanken Schönheit ein Frauenbild entgegen, das auf gängige »Normalmaße« reduziert war und den Kernwert natürlicher Schönheit in den Mittelpunkt rückte. Damit sprachen sie das Selbstwertgefühl der Kundinnen ganz direkt an – und erzielten damit höhere Aufmerksamkeit als erwartet. Denn die Werbung entwickelte sich zum viralen Marketing, dessen Werbeinhalte sich über YouTube und andere soziale Medien enorm schnell im Internet verbreiteten. Diese »Initiative für wahre Schönheit«, die ja bekanntlich im Auge des Betrachters liegt, zeigt demnach genau, worum es bei der Selbstverbesserung geht: den Menschen Angebote zu machen, an der eigenen Persönlichkeit zu arbeiten, sie zu verbessern und sich dabei selbst zu entfalten. Es geht hier, um erneut mit den Worten von Matthias Horx zu sprechen, um »selfness« und »mindness«, die logische Weiterentwicklung des Wellness-Gedankens, wobei mindness bereits auf einer höheren Ebene mentale Fragen anspricht. Pragmatischer positioniert sich die Baumarktmarke Hornbach als Projektbaumarkt, als Ort, wo Menschen alles finden, um ihr Bauprojekt zu verwirklichen. Als Plattform also für umbaute Individualität. Das differenziert zu Billigmarke wie Praktiker und reinen Service-Märkten wie OBI.

Das sind die verschiedenen Ausprägungen der Selbstverwirklichung, mit der man eine Marke als GOOD Brand aufladen kann, aber nur, wenn sie auch im Bewusstsein der Entscheider vorhanden sind. Prüfen Sie hier abschließend, welche Selbstverwirklichungsfelder, Knappheiten und Bedürfnisse Ihre Marke anspricht und erfüllt, und wo im Vergleich zum Wettbewerb noch Potenziale liegen:

- Hat Ihr Unternehmen einen höheren Auftrag jenseits des Geldverdienens?
- Bieten Sie Angebote zur Selbstentfaltung und zur Identitätsstiftung an?
- Welchen Archetypen nutzen Sie glaubwürdig, weil er nur zu Ihnen passt, für Ihre Kunden attraktiv ist und Sie vom Wettbewerb differenziert?
- Welche Sünden oder Tugenden vereinen Sie in Ihrer Marke, und welche drückt sie aus? Nutzen Sie ihren Markenschatten, um Ihre Marke zu transformieren?
- Befriedigt Ihr Unternehmen systematisch unerkannte Bedürfnisse?
- Geben Sie Anleitung zur Selbstverbesserung?

Suchen Sie sich einen oder zwei Punkte und arbeiten Sie diese mit Ihren Mitarbeitern und Kollegen durch. Damit schaffen Sie die Grundlage im Unternehmens- oder Markenbewusstsein, um diese Werte im Markenperformance-Quadranten nach außen sichtbar werden zu lassen, sie im Markengemeinschafts-Quadranaten mit Mitarbeitern und Kunden im Dialog weiterzuentwickeln und im Markenumfeld-Quadranten ein integriertes, weltzentriertes, verantwortungsvolles Bewusstsein zu entwickeln.

Die Markenperformance: Vom Produktverkauf zur personalisierten Ko-Kreation

Bewusste Kunden wollen nichts mehr vermarktet bekommen, sondern willentlich eine Beziehung knüpfen und ihre Identität im Dialog mit der Marke weiterentwickeln. Marken auf dieser integralen GOOD Brand-Ebene werden dabei nicht mehr nur der Sicherheits- und Qualitätsgarant sein, sondern der Navigator, Inspirator, Begleiter, Freund und Sparring-Partner auf dem Pfad der Selbstverwirklichung. Marken werden auf dieser Ebene nur noch gebraucht, an sie wird nicht mehr blind »geglaubt«. Integral bewusste Menschen schließen freiwillig Markengemeinschaften als Sinn-, Werte- und Empfindungsgemeinschaft, die sie als authentisch integriert erleben, denen sie sich mitteilen und darüber die Marke mitgestalten wollen. Markenmanipulatoren und Marketing-Illusionisten werden sofort durchschaut und »de-friended« (ent-freundet), wie das auf Facebook so schön plakativ heißt, wenn man mit jemanden nichts mehr zu tun haben will. Marken formen Erlebnisse, und dauerhaft wiederholte Erlebnisse und Erfahrungen formen Identitäten. Deswegen bekommt der Formbegriff des Designs auf dieser Ebene eine vielfältigere Bedeutung über das Corporate Design und Logo hinaus.

Heute geht es nicht mehr nur darum, Produkte zu verkaufen, sondern Kundenerfahrungen zu ermöglichen. Dafür muss man sich erstens selbst als Plattform, als Befähiger sehen, zweitens zur Ko-Kreativität animieren und die Kunden dazu einladen, ihre Produkte selbst zu entwickeln, und drittens zunehmend Wert auf Ästhetik legen. Um Erfahrungen gestalten zu können, muss jeder reicht es nicht aus, die klassischen fünf Marketing-Ps (Product, Promotion, Place, Price, People) von innen nach außen zu denken. Darüber hinaus muss ich jeden einzelne Markenkontaktpunkt analysiert und überlegt werden, wie und über welche Sinnes-

eindrücke der Kunde eine Erfahrung mit der Marke macht. An-
gefangen vom Erstkontakt über PR und Kommunikation, die Innovation, das Kauferlebnis, die Produktnutzung, den Kundendialog bis hin zur Weiterempfehlung oder zur Wiederverwertung nach Gebrauch besitzen Unternehmen und Marken bis zu
300 Markenkontaktpunkte. Ganz entscheidend dabei ist es, jeden
einzelnen Kontaktpunkt als Tor für eine sinnliche Markenerfahrung zu definieren und dieses Tor zu öffnen, um die Marke
erlebbar zu machen, sei es über eine Spitzenleistung, eine Pro-
dukt- oder Service-Verbesserung, ein Angebot für ein besseres
Leben, eine Überraschung oder eine erfrischende Identität.
Hierzu brauchen Sie klare Markenregeln, Verantwortliche pro
Kontaktpunkt, einen Mess- und Optimierungsprozess und eine
kontinuierliche Steuerung des Markenerlebnisses mit einem
»Kundenerfahrungs-Verantwortlichen« und einem bereichsüber-
greifenden Steuerungskreis. Kontaktpunkte sind die Orte und
Momente der Wahrheit, die über Anziehung oder Abstoßung ent-
scheiden.

Überall dort, wo die Hersteller Werthaltungen, physiologische
und soziale Bedürfnisse ihrer Kunden verarbeiten, verkaufen sie
keine Produkte mehr, sondern sehen sich als ko-kreative Plattform für Selbstdesign, Selbstentwicklung und Selbstausdruck.

Wir müssen aufhören zu glauben, wir wüssten, was der Kunde
will und sollten einfach beginnen zuzuhören, den Kunden eher
anzuregen, mit uns zusammen neue Produkte zu entwickeln. Wir
laden ihn zur offenen Innovation ein und betreiben Crowd Sour-
cing, das heißt, die Nutzung der Ressourcen der Teilnehmer aus
der Community. Vergessen wir die Marktforschung und fragen
die Kunden direkt, so wie es Dell Anfang 2007 mit dem Idea-
Storm-Projekt wagte. Die offene Diskussionsplattform gibt Kunden eine Stimme, lädt sie zu Online Brainstorming Sessions und
zur Kollaboration ein. Mit über 10 000 Ideen in drei Jahren, von

denen fast 400 umgesetzt wurden, macht das Web-Projekt seinem Namen alle Ehre und ermöglicht es Dell, über neue Produkt- und Service-Wünsche der Kunden informiert zu sein, bevor sie zum Mainstream werden. Die IdeaStorm-Plattform war so erfolgreich, dass sie Ende 2009 um die »Storm Sessions« erweitert wurde, in denen der PC-Direktanbieter ausgewählte Themen ins Netz stellt, um die Community kurzfristig über aktuell relevante Fragen entscheiden zu lassen. Wie viel neues Business aus dem Social Media Marketing-Ansatz entsteht, wird sich noch zeigen.

Auch Starbucks nutzt die zahlreichen Möglichkeiten des Crowd Sourcings. Seit Frühling 2008 wird nicht nur ein offener Ideenaustausch mit Kunden gepflegt, um neue Produktideen und Verbesserungen im Service ausfindig zu machen, deren beste prämiert werden. Seitdem der Blog »Ideas in Action« daran angeschlossen ist, öffnet sich der Kaffeespezialist ganz und lässt seine Mitarbeiter Feedback über den Stand der Ideenrealisierung geben. Einen ähnlichen Weg ging kurz darauf Tchibo, wobei die Online-Plattform Tchibo-ideas.de nicht nur neue, trendige Ideen generieren, sondern auch dazu beitragen soll, die Alltagsprobleme der Kunden zu lösen. Das international aktive Einzelhandelsunternehmen, das seine Kernkompetenz bei Röstkaffee geschickt mit überraschenden wöchentlichen Gebrauchsartikelangeboten bündelt, lässt seine Kunden unter dem Motto »100% Community – Gemeinsam gedacht. Besser gemacht« an den Gewinnerideen teilhaben – und zieht als »Gastgeber der Ideenparty« aus dem Verkauf der innovativen und alltagstauglichen Produkte zugleich Profit.

Als die Plattform »mymuesli.com« im April 2007 online ging, waren die zum Angebot stehenden Cerealien und anderen Bio-Zutaten, mit denen jeder sein eigenes, gesundes Müsli kreieren kann und es so nach Hause geliefert bekommt, in kürzester Zeit ausverkauft. Heute plant das mehrfach prämierte Gründertrio mit seinem Start-up bereits die Europa-Expansion.

Marken werden zunehmend zu offenen Erlebnis- und Gestaltungsplattformen, zu wertezentrierten Resonanzkörpern, in denen die Kunden sich nicht bedingungslos einer Markenidentität anschließen, sondern ihre Identität, ihre Wertvorstellungen in die Marke mit einbringen und diese mitprägen. Diese mitprägende Kommunikation ist Teil des Markenerlebnisses und damit Teil der Marke. Kommunikation ist also Wertschöpfung und nicht mehr nur ein Kanal der Produktvermittlung! Kunden zahlen eben auch mehr für die mitgestalteten Produkte.

Sie bevorzugen Marken, die zuhören und ihre Persönlichkeit wertschätzen, und sie als Verbraucher nicht geringschätzen. GOOD Brands und ihre Markenführer sich dessen bewusst sind, gehen Sie auf die Kunden ein, hören zu und machen Themen- und Gesprächsangebote. Bei aller Offenheit ist jedoch wichtig, klare Grenzen zu setzen, eine klare Haltung zu bewahren, dabei sich im Inneren im Strom der Kunden weiterzuentwickeln. Apple ist das perfekte Beispiel dafür: Die Marke besitzt Werte wie Ease, Simplicity, Design und Innovation, aber auch das Bewusstsein, eine Plattform für die Entfaltung der Kreativität ihrer Kunden zu sein und Werkzeuge dafür zu liefern. Gerade davon profitiert sie schließlich. Apple produziert mit seiner App-Programiersprache SDK und der proprietären App-Plattform die Goldgräberschaufeln des 21. Jahrhunderts. Es sieht sich als Schnittstelle zwischen Kunst und Technologie, wie Steve Jobs erst kürzlich bei der Vorstellung des iPads so treffend gesagt hat. An dieser Schnittstelle entstehen rund um die Markenkernwerte und -grenzen und das Markenversprechen neue Produkte und Dienstleitungen für den Alltag des Kunden, für seine Unterhaltung, aber auch für sein Selbstdesign und seine Selbstdarstellung.

Form ist Funktion und folgt ihr nicht nur. Wenn wir in Zukunft immer mehr immaterielle Erfahrungen, Gefühle und Identitäten verkaufen, ist es notwendig, dem Design, der Ikonografie der Marke als zu Form gewordener Emotion ein höheres Augenmerk zuteil werden zu lassen. Ausgehend von der eigenen Unternehmens- und Markenidentität und unter Berücksichtigung spezifischer Kundenerfahrungen ist es also sinnvoll, einen eigenen Stil zu entwickeln und diesen im Sinne eines Corporate Designs auf die gesamte Identität des Unternehmens oder der Marke zu übertragen. Wie uns Apple mit seiner eigenständigen Ikonografie sehr deutlich vor Augen führt, lässt sich das klassische Bauhaus-Motto »Form follows function« für unsere Zeit noch eine Stufe weiter treiben: Form »ist« Funktion. Gefühlte Einfachheit an der Oberfläche, gepaart mit gefühlter Wärme im Design der Produkte, sind der Schlüssel zum »menschlichen Design«, dem Human Design, wie es die Vordenker-Design-Schmiede IDEO aus San Francisco nennt. Entscheidend ist dabei, dass GOOD Brands ihr Erlebnis vom Kunden her denken. Sie optimieren seine Markenerfahrung anhand seiner sinnlichen Erlebnisse in der Nutzungskette um die Markenleistung und die Markenkernwerte herum. Und sie versetzen sich mit Hilfe sozialer ethnografischer Analysen in den Kunden hinein, in sein Leben und seinen Kontext. Eine gute Frage dazu ist, welche Rolle die Marke im Leben des Kunden spielt, und wie sie im Verlaufe seiner Anwendung als Applikation der Lebensverbesserung schrittweise mit ihm verschmilzt.

Marken werden Freunde und sozial anschmiegsam. Human – oder besser menschlich – designte Marken werden zunehmend zu sozial anschmiegsamen Marken, die sich immer mehr dem Menschen anpassen, wie es Amazon fast schon in Perfektion beherrscht, und die über die sozialen Technologien zu anderen Nutzern Beziehungen knüpfen.

Einen wesentlichen Beitrag dazu werden in Zukunft die verschiedensten Social Data-Plattformen wie Social Graph, Twitter und Echtzeitsuchen leisten, die die Datenspuren einzelner Konsumenten in Echtzeit sammeln und sich zumindest über das digitale Leben der Kunden informieren. So sind sie immer mehr in der Lage, vom Kunden gefunden zu werden, weil sie sich ihm während des Surfens im Internet anbieten oder weil über Kundenaktivitäten wie etwa Weiterempfehlungen neue Beziehungen und damit neue potenzielle Kunden geschaffen werden. Die mobilen Smartphones wie das iPhone, das Google Handy und andere sind dabei die persönliche digitale Schnittstelle zum realen Leben, das dort digitalisiert wird. Damit stellen sie den zentralen Ort dar, an dem Marken in Zukunft sein müssen. Der Erlebnis- und Lebenskontext, in dem die Marke eine Rolle spielt, wird für sie immer wichtiger, je mehr die soziale Anschmiegsamkeit durch ethnografische und digitale Analysen zunimmt. Umso tiefer wird die Beziehung und damit die Unverzichtbarkeit der Marke als Begleiter, Entlaster, Navigator und Inspirator im Leben des Kunden. Kontext, nicht Content, ist in Zukunft King.

Prüfen Sie abschließend, welches die entscheidenden Kontaktpunkte Ihrer Marke (Erstkontakt, Produkt- oder Leistungsangebot, Leistungs- und Produktverkauf, Nutzung und Kundendialog, Innovation, Verwertung) sind und wie Sie den Nutzen Ihrer Leistungen auf allen von Ihnen definierten Bedürfnisebenen mit allen fünf Sinnen erlebbar machen:

- Steuern Sie systematisch Ihr Kundenerlebnis über Markenkontaktpunkte und Kundenerfahrungskurve, und haben Sie einen Kundenerfahrungs-Verantwortlichen?
- Betreiben Sie ethnografische Analysen, sammeln Sie Daten, die Ihnen sagen, welche Rolle Sie im Kontext des Kunden spielen?
- Sind Sie schon eine Plattform oder verkaufen Sie noch Produkte?

- Wie können Sie zum Befähiger der Individualität und des individuellen Selbstausdrucks der Kunden werden?

- Welche offenen, ko-kreativen Prozesse eröffnen Sie Ihren Kunden, damit sie sich prägend in die Produktentwicklung einbringen können?

- Besitzen Sie eine eigenständige Markenstilistik, ein Unternehmensdesign, das Sie in allen Sinnen differenziert erlebbar macht?

- Achten Sie auf die Menschlichkeit ihre Designs? Ist es iPhone-fähig und selbsterklärend, also ohne Gebrauchsanweisung zu nutzen?

Die Markengemeinschaft: Von der manipulierenden Botschaft zur offenen Marke

Um eine Markengemeinschaft, das heißt eine Werte-, Sinn- und Erfahrungsgemeinschaft zu bilden, ist eine nach innen und außen deutlich kommunizierte Markenmission und -vision zur Identitätsstiftung notwendig. Zu zeigen, wofür ein Unternehmen und die Marken steht – und wofür nicht –, setzt eine eindeutig definierte Haltung voraus. Darüber hinaus braucht es den offenen Dialog mit den Kunden, der auch den Mitarbeitern gegenüber gepflegt werden sollte. Alles in allem ergibt sich daraus auf diesem Level eine Art Open Branding-Prozess. Dort geht es um Authentizität, Kreativität, Unterhaltung und Vernetzung rund um geteilte Themen und Wertvorstellungen und nicht mehr um monologische Botschaften und Anweisungen. Geschlossene autoritäre Marken werden an Relevanz verlieren, weil keiner mehr mit ihnen befreundet sein will, außer man muss es. Open Branding bedeutet, dass Unternehmen sich und ihre Marken als wertezentrierte Dialoggemeinschaft betrachten und nicht mehr als geschlossenes, hierarchisch manipulierendes System. Bewusste Mitarbeiter und aufgeklärte Kunden lassen sich nicht mehr anweisen und sind nur dann leidenschaftlich motiviert und leitungswillig, wenn sie die Vision, Mission, Werte des Unternehmens teilen und sich mit ihrer Leidenschaft einbringen können. Ein »Vorgesetzter« wird nur dann dauerhaft akzeptiert, wenn er wirklich bewusster und besser in seinem Bereich ist. Auch der anspruchvolle Kunde spendet seine rare Aufmerksamkeit nur dann, wenn ihm Aufmerksamkeit geschenkt wird.

Unternehmensmission

GOOD Brands haben eine deutliche Mission, die in ihrem Markenbewusstsein angelegt wurde und über die verschiedensten Medien und Prozesse allen relevanten Stakeholdern, insbesondere den Mitarbeitern und den Kunden mitgeteilt wird. Ein gutes Beispiel dazu liefert Volvo, in deren Marke Qualität, Sicherheit und Umwelt eng verbunden sind. Im Markenkern hatte Sicherheit jedoch eine Sonderstellung, die seit Sommer 2009 in einer sehr klaren Botschaft verkündet wird: »Bis 2020 soll in einem Volvo kein Insasse mehr verletzt oder getötet werden.« Dafür hat der Global Player in der Transportindustrie seinen Sicherheitsingenieuren ein ebenso klares Ziel gesetzt. Sie sollen den »no crash car« entwickeln, der Kollisionen in Zukunft ganz vermeiden soll. Nicht jeder Kunde und Mitarbeiter muss die Funktionsweise der einzelnen Systemelemente im Detail verstehen, wichtig ist nur das beruhigende Gefühl, dass die intelligente Technologie den Fahrspaß kontrolliert und im Notfall automatisch eingreift. Dagegen werden die Shareholder eher am sicherheitstechnischen Vorsprung der Automarke gegenüber den Wettbewerbern ihre Freude haben. Ganz anders ausgerichtet, aber ebenfalls sehr klar, kommt die Markenbotschaft des Outdoor-Ausrüsters Jack Wolfskin bei Kunden und Mitarbeitern an: »Draußen zuhause« lautet der Slogan, der das unternehmerische Ziel, möglichst viele Menschen von den Vorteilen eines aktiven und naturnahen Lebens zu überzeugen, exakt auf den Punkt bringt. Ein fast vergessener Wert prägt den Umgang mit den Stakeholdern, welche die Marke mit der Wolfspfote entlang der Wertkette bis zum Kunden begleiten: Respekt. Er wird in allen Werbemitteln konsequent eingefordert und drückt sich auch im unternehmerischen Verhalten gegenüber der Umwelt aus, selbst wenn die Kontrolle ausländischer Hersteller immer wieder neu fokussiert werden muss. Mitte 2010 übertrug das Unternehmen diese Aufgabe an die Fair Wear Foundation, einer strengen externen Kontrollinstanz für Arbeitsbedingungen in ausländischen Produktionsstätten.

GOOD Brands haben immer eine starke, einfache Mission und Vision, hinter der man sich als ganzer Mensch vereinen kann. Der gute alte Erfolgsmethodiker-Spruch »Wer Leistung (und Kundenaufmerksamkeit) fordert, muss Sinn bieten« hat heute mehr denn je wieder seine Berechtigung. Um wirklich motivierend zu wirken, brauchen Sie einen Unternehmenszweck der über den Gewinn hinausweißt, der z.B. die Lebensqualtiät und Entwicklung der Einzelnen fördert oder der etwas Gutes für die Gesellschaft und die Erde schafft. Ihr erzielter Gewinn resultiert dann daraus, dass Sie etwas bewirken und nicht daraus, dass Sie auf der Welt sind, um zu profitieren.

Welche Themen und Zwecke eignen sich für Ihr Unternehmen? Suchen Sie sich zum Beispiel ein Thema aus dem folgenden Kapitel »Das Markenumfeld: Vom einfachen Marktanteil zum dreifachen Gewinn«, das zu ihnen passt, suchen Sie systematisch nach den spezifischen Problemen oder Sehnsüchten ihrer Kunden und bauen Sie darauf ihren Unternehmenssinn oder -zweck auf. Suchen Sie sich Themen, die Ihre Organisation wirklich motiviert, wie zum Beispiel ein neues Paradigma in ihrer Branche zu schaffen, für einen guten Zweck kämpfen, Menschen voranzubringen, Unterprivilegierte zu privilegieren usw. Formulieren Sie den Unterschied, den Ihre Marke ihr Unternehmen machen will in einem Satz, den jeder auf der Straße versteht und der in eine SMS oder eine 140 Zeichen lange Twitter-Botschaft passt. Wenn das nicht geht, dann ist sie nicht griffig genug.

Starke Haltung

Starke Marken haben starke Grenzen. Das gilt insbesondere, wenn Sie sich öffnen wollen. Wenn Sie keine Haltung haben, ziehen Sie zum einen die nach Authentizität und Identität suchenden Menschen nicht an und laufen zugleich Gefahr, ihren Kunden – oder noch schlechter der Marktforschung über ihre Kunden – hinterherzulaufen. Sie fragen Ihre Kunden, wer sie selbst sind. Das ist das Gegenteil von Wille und Stildurchsetzung – es ist willenlose Dressur. Sorgen Sie dafür, dass die sogenannten Unternehmensleitlinien konkrete und spezifische Werte und Leitlinien darstellen, die im besten Fall operativen Gebotscharakter haben und einfach und nachvollziehbar zum Ausdruck gebracht sind.

Offener Dialog

Das Schlüsselelement für die notwendige Anpassung der Unternehmens- und Markenführung ist, sich auf weitere soziale Dimensionen mit den neuen sozialen Medien und ihren Tools einzulassen. »Social Media« ist nichts grundlegendes Neues, es ist nur die neue Dimension, die dieses Thema für Marken relevant macht und die Grundlage für den aktuellen Hype ist. Das Internet ermöglicht es die urmenschliche Stammtischkultur des sozialen Austauschs auf die ganze Welt auszudehnen und den Zugang dazu zu erleichtern. Das ist eine Chance mit allen Kunden in den Dialog zu treten und Gefahr der Mittelmäßigkeit und Austauschbarkeit zu gleich wenn dahinter keine klare Haltung, keine klaren Grenzen und eigener Wille liegen. Die Chancen überwiegen aus meiner Sicht deutlich. Die Grundidee eines GOOD Brand-Dialoges ist es, eine echte Partnerschaft mit den Stakeholdern einzugehen, um sowohl in Online- als auch in Offline-Medien mit den Kunden ein Gespräch führen zu können und den »kognitiven Überschuss« (Clay Shirky) der Markengemeinschaft – das heißt ihre Zeit und ihre Beiträge im Internet oder auch vor Ort – zur Innovation, zur Bindung und für die Zukunftsgestaltung zu nutzen. Bei all dem geht es darum, die Unternehmensmission als auch die Markenvision zu verwirklichen und dabei einen besonderen Charakter und eine besondere Werthaltung vorzuleben und diese transparente Haltung auch im Problemfall nicht aufzugeben. Ein schönes Beispiel hierzu gibt die Marke Pampers mit ihrer Plattform Pampers Village. Sie versteht sich als Lebensunterstützer und –begleiter für Mütter, als »Ort zum Aufwachsen«, in dem alles zur Sprache kommt – vom Bettnässen über die Vaterrolle bis hin zu Weltproblemen. So setzt Pampers Themen und wird für die Eltern zum zentralen Ort der Familienhilfe, lernt dabei die Bedürfnisse ihrer Kundinnen immer besser kennen, und mit einem Klick ist man beim passenden Pampers-Produkt. Die Mütter werden über Mütter-Blogs in die Markenwelt gezogen und können sich in Foren über Probleme wie »Warum sich die kleine Tochter immer am Kopf kratzt« austauschen und vernetzen. Mit Hilfe der »Plitsch-Platsch-Badespaß–App« nimmt Pampers auch auf dem iPhone eine Unterhalterrolle beim Windelnwechseln ein und bietet nebenbei gleich die passenden Feuchttücher und Reinigungstipps an. Dieser offene Dialog der Nützlichkeit innerhalb starker Markengrenzen entspricht »Open Branding« par excellence. Die Marke Pampers fördert das Netz der Mütter, indem sie Themen setzt, Plattform schafft und hilft, Schmerzpunkte von

Müttern und Familien zu lösen oder lösen zu lassen und transformiert sich dadurch von der Windelmarke zum anschmiegsamen Begleiter. Im Gegenzug fördert das Netz der Mütter die Marke Pampers.

Der Kunde als Medium und Botschaft

Das Netz ist nicht mehr nur Kauf- und Verkaufsmedium, sondern zunehmend eine soziale Entfaltungs- und Vernetzungsplattform – ein soziales Medium. In den sozialen Medien wie Facebook, Twitter, Flickr, Blogs produziert der Kunde Inhalte, teilt sie mit seinen Freunden, engagiert sich für Projekte und Marken und stellt sich dabei selbst dar, um seine Reputation zu erhöhen. Er produziert mit seinem kognitiven Überschuss an Zeit und Aufmerksamkeit neue Inhalte und knüpft dabei automatisch Beziehungen zu Gleichgesinnten oder Gleichinteressierten und engagiert sich für Projekte und Marken. Der mit seiner Marke verbundene Kunde wird dadurch ihr bester Verkäufer und durch die zunehmende Erfassung und Nutzung seiner sozialen Daten in Suchmaschinen und Applikationen zum Transaktionsmedium. Wenn er beispielsweise ein Buch oder eine CD bei Amazon kauft, wird diese Information zu einer passiven sozialen Empfehlung für seine Freunde, weil sie mitbekommen, welches Buch er kauft und damit darauf aufmerksam werden. Auf der zweiten Ebene wird seine Kaufinformation mit der anderer Käufer des Buches verglichen und nach vergleichbaren Produkten als für ihn interessante gesucht. Schließlich kann er das Buch dann noch aktiv mit Sternen und einem Kommentar bewerten. So wird der Kunde zum Medium und Botschafter des gekauften Buches und damit transaktionsrelevant. Der Kaufakt und die soziale Kommunikation sind ein neuer Vermarktungsservice. Kunden werden so immer mehr zum »Senderempfänger«.

Jeder positive Bericht im Netz stärkt eine Marke, jeder schlechte entzieht ihr Energie. Sorgen Sie dafür, dass ihre Fans sich nur dann aktiv positiv äußern, wenn es den Tatsachen entspricht. Jede Schwäche wird früher oder später entlarvt, so wie es Henkel mit seiner Bio-Marke Terra Aktiv ergangen ist, die trotz positiver Bewertungen – oder gerade deshalb – wegen des Abbaus von Palmölwäldern ins Fadenkreuz von Umweltfreunden geriet. Lügen werden noch mehr bestraft. So berichtete beispielsweise Spiegel-Online über die fehlende soziale Verantwortung der Outdoor-Hersteller und zitiert dazu einen Globetrotter-Mitarbeiter, dem zufolge Kunden selbst beliebte Markenfirmen, die sich nicht um soziale Arbeitsbedingungen in ihren Produktionsländern kümmern, »knallhart abstrafen«. Informationen dieser Art geistern schnell durchs ganze Netz und schaden auch gut etablierten Marken – vor allem, wenn Kunden mit dem letzten Mittel drohen: dem Kaufentzug. Sorgen Sie also dafür, dass Ihre Fans sich mit Ihnen im Netz befreunden. Sie sind der Brückenkopf zu neuen Communities (»Freunden der Freunde«) und zu weiteren Verbindungen über ihre bisherigen Kunden und Freunde hinaus. Die Sozialisierung der Marken mit Hilfe der neuesten Sozialtechniken des Web 2.0 macht die Kunden immer mehr zu Markenbotschaftern und Markenführern. Kunden schaffen und führen Marken durch ihre Transaktion, durch ihr passives Befreundetsein (»finde ich gut«), durch aktive Weiterempfehlung in ihren Blogs und Netzwerken und glaubwürdigere Reputationserhöhung, indem sie die Marke auf Verbraucherplattformen und in E-Shops positiv bewerten – besser als es jede Werbung vermag. Nutzen Sie diese Kraft und senken Sie dadurch ihr Marketingbudget und die Kosten der Neukundengewinnung.

Sozialisierte Marken

Soziale Medien produzieren über Matchmaking-Plattformen Mini-Nischen, in denen jedes Angebot seine Nachfrage findet. Man muss nur durch das systematische SEO (Search Engine Opimisation) seiner Inhalte und das aktive systematische Vernetzen (Tagging, Linking) mit den relevanten Meinungsbildern Teil der relevanten Communities sein, um gefunden zu werden, wenn der potenzielle Kunde einen sucht. Nicht vorher, nicht nachher, sondern jetzt, wenn er es will. Marken verfolgen auf diesem Niveau immer weniger ihre Kunden, sie werden gefunden, wenn sie Teil des sozialen Netzes sind und ihre Kunden Meinungsbildner und Markenbotschafter sind. Die Kontrolle haben Sie heute ohnehin schon verloren. Die Unternehmen haben über soziale Medien die Chance mitzureden und vom Kunden direkt zu lernen, um passende Angebote zu machen, die ihre Kunden wirklich wollen. Wie oben bei Pampers schon beschrieben entwickelt sich daraus ein komplett anderes Verständnis von Community. Bisher haben Unternehmen hierarchisch mit Ihren Kunden kommuniziert, einen Kundenclub mit Privilegien versorgt und mit ihm kommuniziert. Heute stehen der Kunde und die Community im Mittelpunkt, und die Marke wird eingeladen, ein Teil dieser Themengemeinschaften zu sein, als Inspirator für Themen und Diskussionen und als Anbieter für Lösungen, die die Kunden und die Community voranbringen. Marken haben keine Community mehr, sondern sind nur ein Teil davon. In Zukunft geht es für »offene Marken« online und offline konkret darum, für die Kunden bei Bedarf auffindbar und verfügbar zu sein, ihnen eine persönliche Erfahrung zu ermöglichen, sie zu vernetzen und in die Markenwelt hineinzuziehen, wie es etwa Apple mit dem iPod Nano schafft. Auch Nike+shoes versteht es mit der Running Plattform NIKE+gut, die Community mit Athletenvideos, Musikmixes und Power Songs diverser Stars zu faszinieren und sie zu motivieren, sich im Distance Club zu vernetzen, seine Songs, Routen und vieles mehr auszutauschen. Die Markenerfahrung wird durch die automatische Aufzeichnung der Läufe über den Chip im Schuh personalisiert, über GoalsWidgets werden die Fortschritte aktualisiert und über Links der Zugang zum Nike-Store hergestellt. Mit seiner Plattform »miCoach« fördert Adidas den Trainingsvergleich über die Zeitmessung unter den Community-Mitgliedern und verbindet so seine Marke und ihre Angebote nützlich und authentisch mit der Läufer-Community. Fördern Marken das Netzwerk, fördert das Netzwerk die Marken.

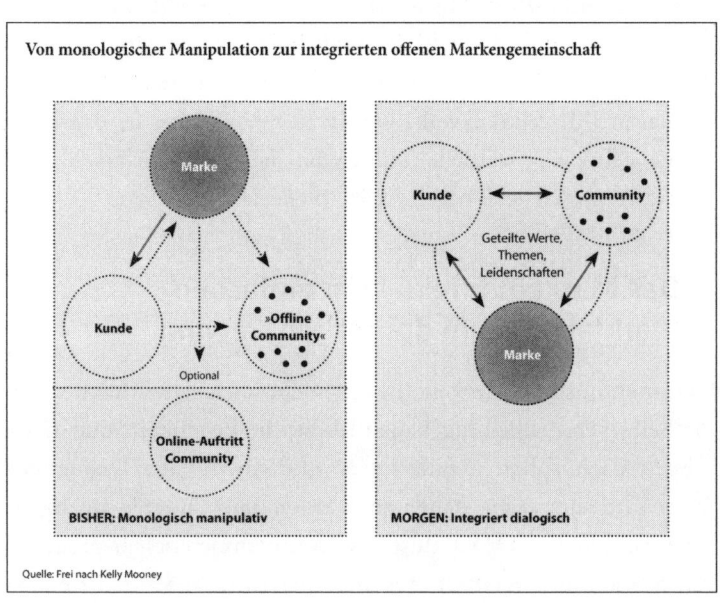

Von monologischer Manipulation zur integrierten offenen Markengemeinschaft

Quelle: Frei nach Kelly Mooney

Prüfen Sie abschließend:

- Haben Sie eine eindeutige Marken- und Unternehmensmission, die allein auf Sie zutrifft, für Kunden und Mitarbeiter erstrebenswert ist und einen echten Sinn und Zweck außerhalb des reinen Geldverdienens enthält?
- Besitzen Sie ein in klaren Prinzipien definiertes Werteset und operative Regeln, an die sich Ihre Mitarbeiter in allen Bereichen – und damit auch an allen Kontaktpunkten – halten können?
- Haben Sie definiert, welche Communities für Sie die entscheidenden sind, haben Sie eine saubere Auflistung ihrer Online- und Offline-Beeinflusser und arbeiten Sie systematisch mit ihnen, um ihre Empfehlungskraft für Sie zu nutzen?
- Wie locken Sie in diesen Communities die potenziellen Kunden in Ihre Markenwelt, vernetzen sie, sind für sie da, wenn Sie gebraucht werden, und bieten dabei Nützliches an und kreieren eine personalisierte Markenerfahrung?

Das Markenumfeld: Vom einfachen Marktanteil zum dreifachen Gewinn

Unternehmen und Marken, die ein hochentwickeltes Bewusstsein für Selbstverwirklichung haben, dieses in Produkten und Leistungen nach außen manifestieren und im offenen Dialog mit ihren Kunden stehen, haben auch einen ganz anderen Bezug zu ihrem Umfeld. GOOD Business-Unternehmen sehen mehr als den Markt, ihre Wettbewerbsdifferenzierung und ihren ökonomischen Gewinn (der natürlich wichtig bleibt), sie sehen sich eingebettet in ein gesellschaftliches Umfeld, für das sie in ihrer Mission und gemäß ihrem Auftrag einen Beitrag leisten. Sie lösen soziale Probleme und bekommen dafür einen angemessenen Ge-

winn. Sie tragen in hohem Maße dazu bei, die Entwicklungschancen zukünftiger Generationen durch entsprechendes ökologisches Handeln zu fördern.

Das heißt, sie streben in allen drei Dimensionen Gewinn an
und setzen dazu beim gesellschaftlichen Problem an. So fördern
beispielsweise die Grameen Bank und andere Mikrokredit-An-
bieter in Bangladesh die sogenannten »Phone Ladies«. Mithilfe
dieser wandelnden Telefonzellen konnte das zentrale Problem vor
Ort, eine funktionierende Gemeinschaft durch schnelle und effi-
ziente Kommunikation zu ermöglichen, gelöst werden. Zur Exis-
tenzgründung haben die Telefon-Ladies von der Grameen Bank
einen Mikrokredit zur Anschaffung eines Handys erhalten, um
Telefonminuten vor allem an Kleinhändler zur schnelleren Ab-
wickelung ihrer Geschäfte zu verkaufen. Der soziale Gewinn liegt
darin, dass Jobs entstanden sind, die, in diesem Fall den Frauen,
persönliche und ökonomische Weiterentwickelung ermöglichen.
Der ökologische Gewinn resultiert aus der Reduktion der Reise-
tätigkeit der Geschäftsleute, die jetzt über das Telefon ihre Geschäfte machen können. Der ökonomische Gewinn ist zum einen
der Effizienzgewinn in diesem Fall über die mobile Vernetzung
innerhalb der Gemeinde und dass zum Beispiel der Gewinn der
Ladies in Kleidung, Gesundheit und Bildung ihrer Kinder innerhalb der Gemeinde investiert wird, was wiederum zu einem
höheren Lebensstandard führt und zum anderen die nicht zu
knappen Zinseinnahmen der Grameen Bank.

Wenn soziale Bedürfnisse und ökologische Erfordernisse ins
unternehmerische Denken integriert werden, kann daraus ein
Wettbewerbsvorteil entstehen, der sich nicht nur als finanzieller,
sondern als dreifacher Gewinn äußert:

People

Bewusst und nachhaltig soziale Verantwortung zu übernehmen bedeutet zunächst, zu fragen, welchen Beitrag ein Unternehmen leisten kann, um an der Lösung der globalen sozialen Probleme mitzuwirken und die großen sozialen Herausforderungen der heutigen Gesellschaft zu bewältigen. Prinzipiell geht es darum, die Armut zu bekämpfen, den Hunger zu lindern, die Gesundheit der Weltbevölkerung zu fördern und damit die Lebensdauer der Menschen zu erhöhen, die Wohnqualität zu verbessern und allen eine Bildungschance zu geben. Auch die Stärkung des sozialen Zusammenhalts in einer Gesellschaft ist ein sozialer Aspekt unternehmerischen Handelns, also einen Beitrag zu leisten zum Erhalt und zur Nutzung diverser Kulturen und zur Inklusion anderer Kulturen in bestehende Systeme, um damit den Aufbau einer Bürger- oder Zivilgesellschaft erst möglich zu machen.

Ein Unternehmen sollte die sozialen Themen für die es sich engagieren und in sein Geschäftsmodell integrieren möchte danach auswählen, wie und ob sie zu seinem Geschäftszweck, zu seiner Vision und Mission, zu seinem Markenkern und seiner Positionierung passen. Es ergibt beispielsweise wenig Sinn, wenn Bierhersteller wie etwa Krombacher mit der Regenwald-Aktion Maßnahmen auswählen, die weit weg von der Kernleistung der Marke sind. Zutreffender – und in jedem Fall authentischer – wäre es, sich um den extremen Wasserverbrauch so mancher Produktionsprozesse Gedanken zu machen, wie es beispielsweise Coca-Cola tut. Weil die Herstellung der braunen Brause enorme Mengen des »blauen Goldes« braucht, kümmert sich das Unternehmen in wasserarmen Regionen um die Wasserversorgung.

Es gilt die Faustregel: Gewählt wird, was am besten zur Marke passt. So setzt beispielsweise die Marke Raiffeisen Bank in Österreich beim Thema »Nachhaltigkeit« auf die Entwicklung und Förderung des Menschen (»Der Mensch im Mittelpunkt«), weil sie zu ihrem genetischen Markencode und der Gründungsidee von Friedrich Wilhelm Raiffeisen passt, der mit seiner Genossenschaftsidee schon im 19. Jahrhundert den Armen Zugang zu Bildung, Arbeit und Vermögen nach dem Motto »Hilfe zur Selbsthilfe« , »Selbstverwaltung« und »Kooperation auf Gegenseitigkeit« verholfen hat. Je spezifischer, umso besser überzeugt die Idee Mitarbeiter und Kunden, verschafft zudem die notwendige Wirkung am Markt und wirkt nicht aufgesetzt. Die Marke Raiffeisen ist nicht umsonst die attraktivste Bankmarke in Österreich.

Prüfen Sie hierzu folgende Fragen:

- Welches gesellschaftliche Brennpunktthema berührt Sie als Entscheider, als Manager, als Unternehmer am stärksten?
- Welches Thema passt zu ihrem ursprünglichen Geschäftszweck, zu ihren Markenkernwerten, zu ihren Unternehmensleistungen und zur Wertschöpfungskette?
- Welches Thema finden Ihre Kunden attraktiv, weil es für sie relevant ist und differenziert Sie gleichzeitig vom Wettbewerb?

Planet

Ökologische Verantwortung lässt sich nicht nur auf die Reduktion des CO_2-Fußabdrucks reduzieren. Im Kern betrifft sie die ganze Wertkette in Form eines reduzierten Materialverbrauchs, eines Cradle-to-Cradle-Kreislaufgedankens, des Einsatzes erneuerbarer Energien, des Schutzes der Biodiversität oder der Reduktion von Umweltrisiken, die durch Unfälle entstehen, wie wir sie nach der Explosion der Ölplattform Deepwater Horizon im Jahr 2010 erlebt haben. Hierzu sind neue Technologien, Kooperationen mit ökologisch avancierten Partnern oder auch die Entwicklung vollkommen neuer ökologischer Geschäftsmodelle nötig.

Prüfen Sie dazu:

- Welche ökologischen Themen passen am besten zu Ihrer Unternehmens- und Markenidentität?
- Welche Themen können die Leistung Ihrer Produkte in den Augen der Kunden am stärksten differenzieren?
- Mit welchen Themen können Sie wirkliche Wettbewerbvorteile wie Nutzenerhöhung für Kunden, Nischenbildung oder Kostensenkung aufbauen?
- Mit welchen Kennzahlen messen Sie und lassen sich messen, um glaubwürdig zu bleiben?

Profit

Hochintegrierte Unternehmen, die nach dem dreifachen Prinzip arbeiten, entwickeln ein übergreifendes Kennzahlensystem, aus dem die ganze Liste an Nachhaltigkeitskriterien im Sinne des Triple Bottom-Ansatzes, vor allem aber präventive Maßnahmen, korrigierende Eingriffe und die Vorgehensweise im Controlling im Detail ersichtlich sind.

Beim Thema ökonomischer Gewinn empfehle ich immer klassische Gewinnkennzahlen wie Gewinn vor Steuern, Eigenkapitalrendite, oder Return on Investment, um markenrelevante Attraktivitätskennzahlen wie Preispremium, Kundenbindungsrate, Cross Selling- und Weiterempfehlungsrate sowie um die Mitarbeiteridentifikationsrate und den Markenkontaktpunkterlebnisindex (Anzahl der 100 Prozent markenkonformen Kontaktpunkte zu allen Kontaktpunkten) zu ergänzen, da hier die Markengesundheit und damit der Markenmehrwert sehr gut deutlich werden.

Soziale Zielsetzungen sollten primär auf dem Kernzweck des Unternehmens aufbauen. Welches zentrale soziale Problem, welchen Brennpunkt wollen Sie reduzieren oder lösen (Lebensqualität, Gesundheit, Zugang zu Arbeit und Bildung, Abschaffung von Armut und Kinderarbeit, soziale Arbeitsbedingungen usw.). Aber auch unternehmensinterne Themen wie etwa Arbeitsschutz, Gleichberechtigung, Aus- und Weiterbildung und der Umgang unter den Mitarbeitern gehören dazu.

Ein ökologisches Zielsystem muss sich jede Organisation selbst geben. Ob man Dienstleistungsunternehmen oder ein globales Produktionsunternehmen ist, macht einen Unterschied in der ökologischen Einflussnahme. Eine systematische Wertkettenanalyse pro Produkt, wie sie etwa von Patagonia unter dem Motto »Footprint Chronicles« als Markendifferentiator genutzt wird, verhilft Produktionsunternehmen nach innen und außen zu mehr nachvollziehbarer Transparenz. Es wird sicher noch eine Weile dauern, bis Anbieter auch einen Lebensqualitätsindex erstellen, der darüber Auskunft gibt, durch welche unternehmerischen Aktivitäten und Faktoren sich die Lebensqualität aller Stakeholder – Natur und Erde eingerechnet – verändert. Wichtige Angaben und Zielsetzungen sind Kennzahlen in folgenden Bereichen: Art und Volumen eingesetzter Materialien, direkter und indirekter Energieverbrauch, Reduktion von Wasser, Erhaltung, Wiederherstellung und Förderung der Biodiversität, Reduktion der Emissionen, Abfallvermeidung, optimierter Transport, energieeffiziente und materialschonende Produkte und Dienstleistungen, Integration des kompletten Produktlebenszyklus.

Definieren Sie Ihren dreifachen Gewinn in den drei Dimensionen und hinterlegen Sie die Kennzahlen und die Aktivitäten, die helfen, diese zu erreichen. Am besten ist es, Sie malen eine Pyramide, schreiben das zentrale Problem, welches Sie für Ihre Kunden lösen wollen, in die Mitte und jeweils eine Gewinndimension mit den konkreten Inhalten und Zielen an die drei Ecken. Folgende Fragen helfen Ihnen dabei:

- Wie sieht das zentrale Kundenproblem, der Schmerzpunkt (»Painpoint«) der Kunden und Ihre glaubwürdige, differenzierende Lösung aus?
- Welches zentrale gesellschaftliche Problem lösen Sie dabei?
- Welches zentrale ökologische Thema möchten Sie dabei lösen?
- Welchen ökonomischen Gewinn für die Problemlösung der sozialen und ökologischen Themen streben Sie an?
- Welche Kennzahlen, Verantwortliche und Aktivitätenpläne zur Umsetzung legen Sie dazu fest?
- Wie vermitteln Sie diesen dreifachen Gewinn Ihren Stakeholdern, insbesondere Ihren Mitarbeitern und Kunden durch Ihr Markenversprechen, betreiben Sie Storytelling und wie beteiligen Sie sie.

Die zehn GOOD Brand-Prinzipien

Nachdem Sie nun die Inhalte der vier Perspektiven auf der aktuellen Stufe der Entwicklung von Marken, dem integralen GOOD Brand Level im Detail kennengelernt haben habe ich daraus Prinzipien extrahiert, nach denen Sie beurteilen können, auf welcher Stufe Ihr Unternehmen und Ihre Marke stehen und wo Sie ansetzen müssen, um für sich und Ihr Unternehmen den größten Fortschritt zu erreichen.

Sinn:

Was für Unternehmen gilt, gilt auch für Marken: Sinn und Zweck liegen nicht in der Marke selbst, sondern die Marke leistet ihren Beitrag, damit der Kunde ein besseres Leben führen kann. Ob der Kunde sich besser entwickelt, ein entspannteres und komfortableres Leben führt oder genug zu essen hat – wichtig ist, dass die Marke einen Beitrag dazu leistet, sein Leben angenehmer zu machen, seine Schmerzpunkte (Painpoints) zu reduzieren. Es geht dabei nicht nur um Grundbedürfnisse des Lebens, sondern auch um unterstützende Hilfen zur Selbstentfaltung, Individualisierung und Selbstdarstellung auf dem integralen Level.

- Bietet Ihre Marke einen Sinn, eine Mission für die Gesellschaft, für die Entwicklung ihrer Kunden oder befriedigen Sie nur einfache Kundenbedürfnisse?
- Ist diese Mission spezifisch, das heißt, passt sie nur zu Ihnen, ist sie für Mitarbeiter und Kunden relevant und attraktiv, und unterscheidet sich Ihre Mission von der ihrer Wettbewerber?
- Kennen Sie die Schmerzpunkte Ihrer Kunden und nehmen Sie ihnen diese mit Ihrem Markenversprechen und den Leistungen ab?

Von Innen nach Außen

Was für Marken gilt, gilt für GOOD Brands, die ihre Identität und ihren Sinn als Teil des Markenversprechens ausdrücken, allemal. Eine Marke ist nur dann eine GOOD Brand, wenn es ihr gelingt, die Werte des Unternehmens und die Werte der Marke miteinander zu vereinen, diesen integrierten Wert an alle Mitarbeiter zu vermitteln und sie zu befähigen, ihn zu leben und den Kunden bei jedem Kontakt spürbar zu machen. Es gibt keine GOOD Brands, die nur über Kommunikation und Werbeversprechen geführt werden, deren Werte den Mitarbeitern verschlossen bleiben und deren Markenversprechen die Kunden bestenfalls über die Werbung spüren und darüber ansonsten eher ein austauschbares Gefühl haben. GOOD Brands wachsen nur von innen nach außen und sind mit der Unternehmenskultur identisch.

- Haben Sie Ihre Markenkernwerte, Ihre Markenmission und Vision mit dem Leitbild abgeglichen oder ist Ihre Unternehmenskultur weit von der Markenkultur entfernt?
- Nutzen Sie Ihre eigene Marke als Kulturentwicklungsinstrument?

Vier Perspektiven

Die GOOD Business-Matrix verhilft zu einer ganzheitlichen integrierten Sicht auf Menschen und Gesellschaften, auf Unternehmen und Marken oder sogar auf Produkte. Um den gewünschten dauerhaften Erfolg zu erreichen, müssen diese Perspektiven in sich schlüssig und harmonisch sein. Es gibt für jeglichen zu untersuchenden Zusammenhang eine innere Bewusstseinsperspektive, die außen wahrgenommen wird, ein übergeordnetes größeres Ganzes und einen Dialog dazwischen und ein großes Umfeldsystem als maßgeblicher Orientierungsrahmen.

- Nutzen Sie diese vier Perspektiven systematisch zur Analyse und Entscheidungsfindung?
- Bewerten Sie Ihr Unternehmen in diesen vier Perspektiven aus Managementsicht, Mitarbeitersicht und Kundensicht?

Wenn Sie beide Fragen mit Ja beantworten können, werden Sie eine Kultur der besseren und bewussteren Entscheidungsfindung entwickeln.

Verdichtete Spitzenleistung

Da GOOD Brands, die Sinn, Identität und Transformation anbieten und damit mehr als andere versprechen, unter verschärfter Beobachtung stehen, müssen sie ihre Leistungsversprechen an allen Kontaktpunkten einlösen. Wenn sie es tun, dann sind die Kunden durchaus bereit, für diese Mehrleistung auch mehr zu bezahlen.

- Haben Sie sichergestellt, dass die Kunden die Markenkernwerte, die Spitzenleistungen die Nummer eins-Position, den gelebten Archetyp, die befriedigten Lebensknappheiten Ihres Markenversprechens wahrnehmen und tatsächlich erleben?
- Steuern Sie die Wahrnehmung der Marke, das heißt die verdichteten Unternehmensleistungen, an allen wesentlichen Kontaktpunkten über eindeutige Prozesse und klare Regeln, deren Einhaltung gemessen wird?
- Hat der Kunde die Möglichkeit, sein Erlebnis, sein individuelles Produkt im Sinne des ko-kreativen Plattformgedankens zu entwickeln oder sich zumindest einzubringen?
- Haben Sie einen Kundenerfahrungsbeauftragen, der das Unternehmen und seine Marke vom Erlebnis und den Wünschen und Fähigkeiten des Kunden her denkt?

Dreifacher Gewinn

Echte GOOD Brands sind in der Lage, in ihrer unternehmerischen Zielsetzung Praxis People, Planet, Profit sinnvoll miteinander zu vereinen. Dafür gibt es mehrere Möglichkeiten: Zum einen lässt sich der Unternehmenszweck so definieren, dass er die Lösung gesellschaftlicher und ökologischer Probleme mit einbezieht. Zum Zweiten können Produkte mit konkreten Leistungsmerkmalen verstärkt werden, die sozialökologischen Charakter haben. Die dritte und umfassendste Option zielt darauf, das gesamte Geschäftsmodell auf sozialökologische Ziele auszurichten, die man nicht nur als Unternehmenszweck, sondern auch in allen Nebengeschäften zu erreichen versucht. Bei dieser Möglichkeit gilt es allerdings zu beachten, dass Kunden – unterstützt von Verbraucherorganisationen, transparenten Plattformen oder Markenfans – früher oder später sehr deutlich spüren, wenn man keine systematische kennzahlengestützte Wahrnehmung der ökologischen Konsequenzen seines Handelns hat.

- Haben Sie den Unternehmenszweck auf Lösungen für sozial-ökologische Problemstellungen ausgerichtet?
- Besitzen Ihre Produkte und Angebote Leistungsmerkmale mit sozialökologischem Charakter?
- Ist Ihr Geschäftsmodell bereits auf sozialökologische Ziele ausgerichtet, und erreichen Sie diese auch in allen Nebengeschäften?

Stufenweise Entwicklung

Analog der menschlichen und gesellschaftlichen Entwicklung durchlaufen auch Unternehmen und Marken verschiedene Stufen. Man kann also nicht davon ausgehen, innerhalb eines Jahres eine vollkommen neue Unternehmensidentität, ein gänzlich neues Markenversprechen oder eine transzendierende, sozial-ökologisch verantwortliche Marke muss durch harte Arbeit und vermittelte Leistung erkämpft werden. Kostspielige Kommunikations- und PR-Initiativen, die außer einer kleinen, verblendeten Community keinen wirklichen Nutzen stiften, helfen da nicht weiter. Wenn Sie also Ihr Unternehmen und Ihre Marke entwickeln wollen, erfordert dies zunächst eine kritische Analyse: Stellen Sie fest, auf welcher Entwicklungsstufe Sie sich gerade befinden, in welchem Feld das größte Defizit besteht und wo Sie den größten Hebel für Ihre aktuelle Situation ansetzen können. Dies wird Ihnen helfen, das Problem zu lösen.

- Auf welcher Entwicklungsstufe, auf welchem Mem-Level agiert Ihr Unternehmen, welche Werte und Motivatoren werden gelebt und ausgestrahlt?
- In welcher der vier Perspektiven des AQUAL-Modells sehen Sie echte Defizite, wo gibt es Probleme? Wo ist der größte Mangel?
- Welche Lösung bietet den besten Hebel, um diese Mängel und Imbalancen zu beheben?

Horizontale Gesundheit

Die wesentliche Herausforderung bei der Weiterentwicklung – sei es auf individueller, kollektiver oder Organisationsebene – ist es, eine horizontale Gesundheit zu entwickeln. Dies bedeutet, dass das eigene Handeln den eigenen Werten und Wünschen entspricht. Es bedeutet, mit den Menschen, deren Werte man teilt, eine Gemeinschaft aufzubauen. Und es bedeutet auch, sich seinem Moralniveau entsprechend zu verhalten. Dann wird man als homogen, konsistent und begehrlich wahrgenommen. Streben Sie also immer zuerst nach horizontaler Gesundheit, bevor Sie Ihr Unternehmen und Ihre Marke auf eine höhere Ebene entwickeln wollen.

- Stimmen die Markenwerte mit den gelebten Werten des Unternehmens überein, das heißt, agieren Sie authentisch?
- Wie werden diese spezifischen Werte den Kunden in der Marken- und Unternehmensleistung vermittelt, und wie werden sie erlebt?
- Wie werden die Werte mit Ihren Markenfans, Kunden und anderen engen Partnern aktiv geteilt, gibt es Symbole und Rituale, Codes, die übereinstimmen?
- Und sind alle vier Perspektiven harmonisch aufeinander abge-

stimmt, das heißt auf gleicher Entwicklungsebene, und wo gibt es Blockaden oder Entwicklungsdefizite, um eine authentische Unternehmung und attraktive Marke zu werden?

Höher ist NICHT besser

Aufbauend auf dem vorherigen Prinzip sollte es klar sein, dass man natürlich auf jeder Entwicklungsstufe sehr erfolgreich sein kann, jedoch sind ihre Auswirkungen und Indikatoren unterschiedlich. Ein traditionelles Markenverständnis funktioniert durchaus, es bedeutet lediglich, dass man die sozialökologischen Konsequenzen seines Handelns nicht in der Marke berücksichtigt. Auch wenn die Potenziale, die eine Bedürfnis- oder Milieusegmentierung oder sogar ein Sinnangebot gegenüber den Kunden versprechen, nicht realisiert werden, kann man auf jeder Ebene erfolgreich sein, sofern man horizontal konsistent agiert. Einige Beispiele mögen dies verdeutlichen: Da Machtmenschen der roten Mem-Stufe immer versuchen werden, ihren Status zu erhalten, wird etwa aus Silvio Berlusconi nie ein integraler GOOD Politician werden. So lange er das passende Umfeld findet, wird er auf diesem roten Niveau erfolgreich bleiben, bis vielleicht ein italienischer Barack Obama kommt, der die Sehnsüchte der Italiener nach einer integrierteren und besseren Zukunft überzeugend bündelt – und Berlusconi damit ablöst. Auch ein klassischer Bereich der elementaren Grundbedürfnisbefriedigung wie etwa Lebensmittel, kann integral bereichert werden. Dies erleben wir heute am Beispiel der Slow Food-Bewegung, die gerade die kulturelle Herkunft und Bedeutung der jeweiligen Nahrungsmittel Wert schätzt, diese kultiviert und in ein erlebbares Leistungsversprechen übersetzt. Sie integriert damit sozusagen ein mythisches, archaisches Bedürfnis nach Heimat, Geselligkeit und sozialer Einbindung und kommuniziert dies, indem sie mit Slow Food innerhalb einer globalisierten Welt individuellen Sinn stiftet und Inspiration vermittelt.

- Agieren Ihr Unternehmen und Ihre Marke horizontal konsistent?
- Wo liegen ungenutzte Werte- und Bedürfnisspotenziale für Ihr Unternehmen und Ihre Marke unterhalb ihrer Entwicklungsschwerpunkte?

Vertikale Transformation

Unternehmen und Marken sind dann gesund, wenn sie immer in der Lage sind und versuchen, die nächste Stufe der Entwicklung zu erreichen. Dies kann man zum einen durch systematisches integrales Management über die vier Perspektiven erreichen. Zum anderen kann man dafür sorgen, über systematische Zukunftsszenarien mögliche künftige Herausforderungen auf die gegenwärtige Entscheidungsebene zu bringen. So lässt sich ein mentaler Zustand erreichen, der allen Beteiligten deutlich macht, wo die nächsten Herausforderungen für das Unternehmen liegen.

- Nutzen Sie in Ihrer Unternehmens- und Markenführung die vier Felder der GOOD Business-Matrix zur Analyse des Status, der Imbalancen und Entwicklungspotenziale?
- Bewerten Sie Ihre Führungskräfte nach den Eigenschaften einer integralen Persönlichkeit?
- Betrachten Sie künftige Herausforderungen auf der Ebene gegenwärtiger Entscheidungen, indem Sie Zukunftsszenarien entwerfen und in wahrscheinlichen Zukünften denken?

Markenführer sind Meister des lustvollen Unternehmenswandels

Marken können nur dann erfolgreich sein, wenn die Markenführung nicht in einer kleinen Abteilung schlummert, sondern direkten Zugang zur Unternehmensführung hat und über Unternehmensbereiche hinweg tätig sein kann. Das Markenmanagement sollte über eine eigene Markenbotschafter-Community in jedem Bereich vertreten sein und die Kompetenz besitzen, Werte und Spitzenleistungen vom Unternehmen authentisch nach außen zu kommunizieren und nach innen vermittelte Kunden-Feedbacks anzunehmen und auszuwerten. Hierzu müssen die Markenführer eher zu Coaches, Moderatoren, Verknüpfern und Katalysatoren werden. Sie müssen das bestehende Geschäft stets neu in Frage stellen, mit oder ohne Kunden immer wieder neue Märkte und neue Produkte entwickeln, aber auch ganz klare Hüter der Markengrenzen sein. Damit stellen sie sicher, dass innovative Entwicklungen im Rahmen der gegebenen Werte der Unternehmens- und Markenpersönlichkeit bleiben.

- Ist die Markenführung auf Ebene der Unternehmensleitung angesiedelt, und erfolgt sie interdisziplinär und bereichsübergreifend?
- Geben Sie Ihren Mitarbeitern und Kunden genügend Kompetenz, um den Kundendialog offen und ehrlich zu gestalten oder manipulieren Sie noch?
- Haben Sie integrierte Übersicht über die vier Perspektiven in Bezug auf Ihre Marke und den Entwicklungsstand des Unternehmens (siehe Grafik Seite 136)?
- Haben Sie Markenbotschafter, die den Kulturwandel von innen steuern und voranbringen?
- Agiert Ihr Markenführer bereits als unternehmensweiter Mo-

derator von Markengesprächen, Coach und Katalysator des Unternehmenswandels?

Gehen Sie diese zehn Prinzipien in Ruhe durch. Prüfen Sie genau, welche Prinzipien in Ihrem Unternehmen heute schon gelebt werden und welche nicht. Suchen Sie sich drei Prinzipien aus, mit denen Sie arbeiten wollen, um mit Ihrem GOOD Business-Unternehmen mit Hilfe der Marke die nächste Entwicklungsstufe nehmen zu können.

Wie Ihr Unternehmen zur GOOD Brand wird

Ein Unternehmen zur GOOD Brand zu entwickeln bedeutet, sich auf einen echten, langfristigen Wandel mit seinen acht Phasen wie in Kapitel zwei beschrieben einzulassen, ihn zu wollen und durchzuhalten. Es geht darum, eine Marke so zu verändern und zu verbessern, dass sich in ihr die unternehmerischen Fähigkeiten in den vier Dimensionen innere Werthaltung, angebotene und erlebte Leistungen, Dialog mit den Stakeholdern und die Gewinnerzielung in Hinblick auf Ökonomie, Ökologie und Soziales ausdrücken. Die hier aufgezeigte Vorgehensweise, diesen Wandel zu initiieren und erfolgreich zu realisieren kann natürlich nur als eine Art Blaupause verstanden werden, die individuell auf jedes Unternehmen und jede Marke angepasst werden muss.

Festellen des Status quo

Erste Voraussetzung für einen gelingenden Wandel ist, dass der Unternehmensinhaber, die Geschäftsleitung und der Markenmanager ihn wirklich wollen und bereit sind, einen mehrjährigen Prozess dafür in Kauf zu nehmen. Um das Unternehmen und seine Marke auf das nächst höhere Leistungsniveau zu bringen, müssen Sie diesen Prozess positiv gestalten, kontinuierlich überprüfen und alle daran Beteiligten unterstützend begleiten. Wenn Sie dies nicht erreichen, wird es schwer bis unmöglich sein, eine GOOD Brand zu werden.

Natürlich lässt sich ein unternehmensübergreifender Wandel nicht allein aus der Unternehmensführung heraus gestalten. Er braucht unterstützend Vertreter und Markenbotschafter, Zukunftsagenten, Change Maker und Transformatoren in jedem Unternehmensbereich, die innerhalb ihrer Bereiche, ihrer Abteilungen und ihrer Kontaktpunkte mit Kollegen im Dialog darüber sein müssen. Nur so können sie die Ziele und Wünsche der Beteiligten erfahren und ihre Ängste und Blockaden wahrnehmen, um gemeinsam an deren Überwindung zu arbeiten. Hier empfiehlt es sich, ein Team mit 10 bis 15 Teilnehmern zu bilden. Es sollte ein möglichst breiter Mix sein aus unterschiedlichen Persönlichkeiten – Zukunftsfans und sogenannten Bremsern –, der die Heterogenität des gesamten Unternehmens abbildet. Dieses Team sollte in einem Kick-off-Meeting eingeschworen werden und sich neben der alltäglichen Projektarbeit mindestens alle vier Wochen, am Anfang wöchentlich, einen halben oder ganzen Tag zusammensetzen, um die Themen der Veränderung zu diskutieren und zu gestalten. Wenn Sie es sich leisten können, stellen Sie einen »War Room« oder, für das Thema besser passend, einen »Evolution Room« zur Verfügung und machen Sie ihn zum »GOOD Business Room«. Dort können sich die Team Player des Wandels treffen und ihre Erfahrungen austauschen. Er wäre der inspirative Raum für kreative Prozesse, in dem der Wandel durch verschiedene Visualisierungstechniken sichtbar gemacht werden kann.

Die Basis jeder Zukunftsvision, jeder Veränderung und jeder Strategie sollte eine saubere Statusanalyse sein. Hier empfiehlt es sich, das Unternehmen und die Marke durch die GOOD Business-Matrix (Grafik Seite 123) genauer unter die Lupe zu nehmen und in den einzelnen vier Dimensionen herauszuarbeiten, auf welchem Entwicklungsstand das Unternehmen und die Marke heute steht und wie deren Zukunftspläne ausgestaltet sind Orientieren Sie sich dabei am dem von mir ausgefüllten Beispiel von Apple auf Seite 136. An diesem Punkt ist es besonders wichtig, radikal zwischen Wunsch und Wirklichkeit zu unterscheiden, Sonntagsreden von real gelebten Verhaltensweisen zu trennen und wirklich festzustellen, auf welcher Bewusstseinsstufe man steht. Geht es um reine Funktionserfüllung und die funktionale Befriedigung von Kundenwünschen, um den echten Versuch, Lebensknappheiten zu befriedigen oder sogar um das Bestreben, dem Kunden Sinn und Werte zu vermitteln? Auf der Markenperformance-Seite ist es von essenzieller Bedeutung festzustellen, ob man nach klassischen, monologischen USP- und Benefit-Konzepten arbeitet und manipulative Markenerlebnisse schafft oder ob man auf der dritten Stufe im Sinne eines kollaborativen Konsums mit den Kunden gemeinsam einzigartige Erlebnisse kreiert. Ebenso wichtig ist es, in der Markengemeinschaft danach zu unterscheiden, ob Mitarbeiter und Kunden nur scheinbar in den Entscheidungs- und Entwicklungsprozess des Unternehmens eingebunden sind oder ob es tatsächlich einen integrierten Dialog mit ihnen gibt. Im Markenumfeld ist danach zu unterscheiden, ob man die globale Verantwortung wirklich lebt oder ob sie nur in Corporate Social Responsibility-Prospekten dargelegt wird. Wenn Sie zwar ökologisch verantwortlich sein wollen und dies auch immer wieder kommunizieren, aber über kein Mess- und Steuerungssystem verfügen, dann sollten Sie auf dieser Ebene daran arbeiten. Diese integrale Unternehmens- und Markenanalyse können Sie mit dem Team des Wandels sowohl aus der Innensicht durchführen oder – was ich sehr empfehle – unterstützt durch gute Kunden und Partner von außen widerspiegeln lassen. Alternativ kann diese Analyse auf Geschäftsleitungsebene erstellt und parallel von Führungskräften und Mitarbeitern durchgeführt werden, um die jeweiligen Ergebnisse miteinander vergleichen zu können.

Sobald Sie die Ist-Situation festgestellt und die Unterschiede zwischen Innen und Außen, zwischen Unternehmens- und Umfeldperspektive herausgearbeitet haben, geht es darum, die wirklichen Imbalancen auszugleichen – also zu fragen, wo die Unterschiede in den vier Perspektiven liegen. Gelingt es Ihnen zum Beispiel nicht, Ihre Werthaltungen und Ihre Sinnversprechen an den Markenkontaktpunkten in der Markenperformance zu vermitteln? Arbeiten Sie an Versinnlichungs- und Story Telling-Konzepten? Wenn Sie zwar Markenleistungen nach außen haben, diese aber nicht Ihren Werten entsprechen, müssen Sie diese Leistungen an Ihre Werte anpassen. Oder wenn Sie keine Vision und Mission haben, dann wird es Ihnen nicht gelingen, die Mitarbeiter dauerhaft zu motivieren und zu begeistern. Dann sollten Sie an Ihrer Mission und deren Implementierung innerhalb des Unternehmens arbeiten.

Das Einfache, Elegante und Simplexe an der GOOD Business-Matrix liegt darin, dass Sie in den vier unterschiedlichen Perspektiven der Marken- und Unternehmensentwicklung arbeiten und die Vier-Quadranten-Sicht auch für die Zukunftsgestaltung nutzen können, wenn Sie diese wiederum aus einer fünften, der Meta-Perspektive, heraus betrachten. Nach dem Motto, »Menschen, Unternehmen und Marken entwickeln sich immer von

innen nach außen« empfiehlt es sich, mit dem Unternehmens-
und Markenbewusstseins-Cluster zu beginnen und herauszuarbeiten, was der unternehmerische Zweck, der Sinn und der
Beitrag des Unternehmens jenseits der einfachen Befriedigung
funktionaler Nutzen oder Bedürfnisse ist und wie die nächste
Entwicklungsstufe des Unternehmens und der Marke für die
nächsten zehn Jahre aussehen soll. Hierzu bieten sich unter anderem die zu Beginn des ersten Kapitels zitierten Fragen von
Deepak Chopra an: Welcher Art ist die Welt und Umwelt, in der
sich Ihr Unternehmen und Ihre Marke in den nächsten 10 bis
20 Jahren und in weiterer Zukunft entwickeln soll und in der Sie
leben wollen? In welcher Welt sollen Ihre Kinder und Enkelkinder leben? Welche Rolle kann Ihr Unternehmen und Ihre Marke
übernehmen, um diese Zukunft zu ermöglichen? Welche Art von
Geschäftsleitung, Management und Team wollen Sie innerhalb
Ihres Unternehmens haben und wie sollen die Beziehungen der
Teammitglieder untereinander aussehen, welche Werte sollen sie
teilen? Und schließlich: Welche wesentliche Knappheit und welches Problem es in diesem aktuellen Moment der Unternehmensentwicklung gibt es zu lösen. Diese Zukunftsfragen helfen Ihnen,
sich vom Alltagsgeschäft zu entfernen und sich wirklich Gedanken über die langfristige Entwicklung der Gesellschaft und der
Welt zu machen. Dabei lässt sich die Rolle des Unternehmens und
der Marke definieren und herausarbeiten, wie die nächsten Ent-
wicklungsschritte aussehen sollen.

Wenn Sie sich über Ihre gewünschten Werthaltungen im Klaren sind, können Sie sich im nächsten Schritt Gedanken darüber
machen, wie Sie diese ideellen Werte in Form von Leistungen
und Geschichten (Produkte, Services, Kommunikation, Erlebnisse) mit allen fünf Sinnen erlebbar machen. Nachdem Sie die
Unternehmens- und Markenperspektive innen wie außen neu
durchdacht haben, können Sie sich der Markengemeinschaft zu-

wenden. Bringen Sie Ihre Zukunftsideen beispielsweise über offene Gesprächsführung (Open Communication, Open Branding) innen mit den verschiedenen Stakeholdern direkt und außen in unternehmenseigenen Innovationsforen oder über soziale Medien wie Facebook in die künftige Unternehmensentwicklung mit ein. Dann können Sie festzustellen, auf welche positive Resonanz diese Ideen in Ihrem Umfeld stoßen. Diese Dimension ist sehr entscheidend. Wenn es Ihnen nicht gelingt, Ihre guten Kunden und Ihre Bezugsgruppen in den Entwicklungsprozess mit einzubinden, bleibt der Wandel eine Kopfgeburt und Sie vergeben die Chance, das Wissen und die Kreativität in Ihrem relevanten Umfeld für Ihre Entwicklungspläne zu nutzen. Wie beschrieben wird Markenführung in Zukunft moderierte Gesprächsführung sein, in der das kollektive Wissen der relevanten Bezugsgruppen dazu genutzt wird, eine einzigartige Markengemeinschaft zu bilden, die den jeweiligen Bezugsgruppen rund um Ihr Wertverständnis und Ihre Spitzenleistungen einzigartige Erlebnisse, Transformation und Nutzen stiftet. Wenn Sie die Impulse aus Ihrer Markengemeinschaft aufgenommen haben, ist es sinnvoll, sich tiefer mit dem Markenumfeld auseinanderzusetzen. In Zeiten großer Unsicherheit und komplexer Transformationsprozesse ergibt es meines Erachtens wenig Sinn, sich nur über das Umfeld und die Zukunft zu unterhalten. Ausgehend von den unternehmerischen Visionen, Werten und Herausforderungen sollten darüber hinaus möglichst divergente Zukunftsszenarien für die veränderten Rahmenbedingungen der nächsten 10 bis 20 Jahre gebildet werden. Auf dieser Basis lässt sich herausarbeiten, welches die angestrebte, welches die wahrscheinliche und welches die zu vermeidende Zukunft sein wird. Hierzu eignen sich am besten die klassischen Szenariotechniken und kreative Methodiken wie beispielsweise die Blue Ocean-Strategie. Ein entscheidender Aspekt des Markenumfelds ist es auch, den dreifachen Gewinn zu definieren.

Nehmen Sie sich bitte noch einmal die einfache Gewinnpyramide vor und definieren Sie erstens, welches soziale Problem Ihr Unternehmen und Ihre Marke löst, und zweitens, welchen Beitrag Sie leisten, um die ökologischen Rahmenbedingungen und die Entwicklungschancen zukünftiger Generationen zu wahren. Legen Sie drittens fest, welchen angemessenen ökonomischen Gewinn Sie daraus erzielen wollen. Wenn Sie diese Fragen für sich und Ihr Unternehmen beantwortet und auf dieser Basis ein Kennzahlensystem entwickelt haben, das Sie in Ihre Balanced Scorecard oder in Ihr Unternehmens- und Marken-Controlling integrieren, dann werden Sie den dreifachen Gewinn auch über die Implementierungsphase hinaus nachvollziehen können.

Entwickeln Sie eine GOOD Brand Vision und Mission

Nachdem Sie sich unter Berücksichtigung aller vier Perspektiven ein bewusstes Bild von der Zukunft gemacht haben, sind Sie nun in der Lage, eine GOOD Business-Mission und -Vision zu zeichnen, die integral ausbalanciert ist. Sie stellt dann nicht nur einen inneren Wunsch dar oder antwortet auf eine Marktkonsequenz, sondern wurde bewusst multiperspektiv entwickelt und in eine übergeordnete fünfte, die integrale Meta-Perspektive integriert. Zum Gestalten von GOOD Business Brands benötigt man eine Vorstellung von der Zukunft, auf die man sich hinbewegt, um Anziehungskraft, Begehrlichkeit und Lust auf den Wandel zu machen. Letztlich geht es darum, eine möglichst nachvollziehbare Markenvision und -mission in prägnanter Form zu formulieren. Definieren Sie, wofür Ihre Marke steht, welchem Zweck sie dient, welche Werte sie leiten, welchen Beitrag sie für wen leistet und welche Grenzen sie auf ihrem Weg hat: Welchen dreifachen Gewinn werden Sie erzielen, wenn Sie, Ihr Unternehmen und Ihre

Mitarbeiter danach leben? Darüber hinaus ist es hilfreich, daraus eine eindeutige Nummer-eins-Position herzuleiten, die nach innen und außen kommunizierbar ist, diese noch einmal zu einer One Word Equity zu verdichten und das ganze Konstrukt in einfache umgangssprachliche Unternehmens- und Markenregeln zu kondensieren, die für jeden Mitarbeiter verbindlich, verständlich und anwendbar sind. Damit legen Sie die Grundlage für einen erfolgreichen operativen Wandel. Denn Sie bieten Sinn, Orientierung und ein motivierendes Ziel.

Damit besitzen Sie nun die besten Voraussetzungen, um gemeinsam mit Ihrem Team des Wandels die nächste Stufe zu zünden: Bilden Sie nun GOOD Business-Botschafter in den einzelnen Bereichen aus. Machen Sie diese durch Schulungen, Workshops, Erlebnistage oder gestützt durch Internetplattformen zu Botschaftern des Wandels. Befähigen Sie dabei jeden Einzelnen, innerhalb seines Bereichs im Sinne eines Vorher-Nachher-Vergleichs den Mikrowandel herauszuarbeiten und mit ganz konkreten Aktionen handhabbar zu machen. Dafür reicht es nicht aus, zu sagen, wo man in zehn Jahren stehen will. Schon in den ersten 180 Tagen sollte der Erfolg einzelner Aktivitäten, der sogenannte »Quick Win«, bekanntgemacht werden. Auch kleine Erfolge zu feiern ist wichtig, denn sie helfen, beim Wandel auftretende Schwierigkeiten durch erste lustvolle Positiverlebnisse für jeden Einzelnen zu überwinden. Der Wandel darf kein abstrakter Zehnjahresplan bleiben, sondern sollte schrittweise – bestenfalls täglich oder monatlich, aber zumindest viertel- oder halbjährlich – strukturell erlebbar gemacht und in Form eines Transformationsplans durch die Geschäftsleitung oder das Team des Wandels systematisch verfolgt werden. Es ist unabdingbar, den Wandel zu messen und ein integriertes Kennzahlen- und Erfolgssystem aufzubauen – natürlich ohne den Prozess über die Maßen zu bürokratisieren, was insbesondere in Deutschland eine gewisse Gefahr ist.

Wie die meisten von Ihnen sicherlich aus eigener Erfahrung wissen, ist nichts schwieriger als sich selbst zu erkennen, seine Stärken, Grenzen und Schattenseiten zu akzeptieren, daraus eine klare Zukunftsvision abzuleiten, sich dann konsequent durch das Tal der Tränen und Veränderung zu kämpfen und am Wandel dranzubleiben. Die Grunderkenntnis ist jedoch, dass im persönlichen, aber auch im unternehmerischen Wandel Konsequenz vor Geschwindigkeit geht. Man geht also besser langsam, dafür kontinuierlich voran. Dann stellt sich schrittweise ein Veränderungsprozess ein: Man spürt, dass man sich verändert hat, obwohl man der Gleiche geblieben ist. Dasselbe gilt für Unternehmen. Das heißt, sorgen Sie dafür, dass dieser Wandel systematisch und konsequent in die Organisation des Alltags eingebunden wird. Schaffen Sie regelmäßige unternehmensübergreifende Steuerungsrituale, zum Beispiel einen GOOD Business-Steuerungskreis (»Steering Committee«). Feiern Sie die Erfolge und nehmen Sie sich Zeit das Ganze emotional nachzuvollziehen, das lädt die Batterien wieder auf. Die aktuelle Forschung zeigt, dass Entwicklungsprozesse beim Menschen drei bis sieben Jahre dauern, bevor sie von der einen in die andere Entwicklungsstufe kommen, und bei Unternehmen dürfte es kaum schneller gehen. Arbeiten Sie in Fünf- bis Siebenjahresplänen, machen Sie den Wandel aber täglich spürbar, dann wird es Ihnen gelingen, ein integrales GOOD Business-Unternehmen mit einer starken Marke, einer GOOD Brand zu werden und damit Ihren Beitrag für eine sinnvolle Zukunft zu leisten, der den dreifachen Gewinn verursacht.

Was Sie unbedingt vermeiden sollten

Die aktuellen Forschungen zeigen, dass etwa 70 Prozent aller Change Management-Prozesse scheitern – ein Problem mit vielfältigen Ursachen. Wenn Sie sich für Ihren Entwicklungsprozess an der GOOD Business-Matrix und an den oben genannten Prozessschritten orientieren, haben Sie eine gute Chance, nachhaltig erfolgreich zu sein und den notwendigen Wandle vorweg zu nehmen. Was Sie dabei vermeiden sollten, lässt sich leicht in wenigen Punkten zusammenfassen:

- Vermeiden Sie es, den Prozess des Wandels ohne Einbindung der Geschäftsleitung oder des Firmeninhabers durchzuführen.
- Vermeiden Sie es, dafür kein bereichsübergreifendes Team des Wandels aufzubauen.
- Vermeiden Sie es, dieses Team nur eindimensional zu besetzen.
- Vermeiden Sie es, ohne systematische Status-Erfassung und ohne ein systematisches Audit gleich in die Zukunft springen zu wollen und die Realität, so wie sie ist, nicht zu akzeptieren.
- Vermeiden Sie es, nur von innen nach außen zu denken, Wunsch mit Wirklichkeit zu verwechseln und die vier Perspektiven nur in Teilen systematisch zu evaluieren.
- Vermeiden Sie es, Wunschszenarien aufzubauen und nur ökonomische Ziele zu definieren, ohne ökologische und soziale Ziele und Kennzahlen zu integrieren.
- Vermeiden Sie langweilige und unattraktive Markenvisionen und -missionen, die nur Buchhalter und CFOs faszinieren.
- Und vermeiden Sie es, keine systematische Organisation des Wandels zu etablieren.

Ausblick

Ich hoffe, dass Sie in diesem Buch ausreichend neue Inspiration, neue Energie und insbesondere neue Perspektiven für die Führung von Unternehmen und Marken gewonnen haben. Ich wünsche Ihnen zudem, dass Sie die Lust verspüren, dieses neue Denken ausgehend von sich selbst, von Ihrem Unternehmen und Ihrer Marke zu leben, um Ihre Zukunft zu sichern, aber auch um Ihren Beitrag dafür zu leisten, dass wir die globalen Herausforderungen meistern können. Da das Wort »meistern« von Meisterschaft kommt, denke ich, ein wesentlicher Sinn unseres Seins liegt darin, das meiste aus sich selbst herauszuholen. Dies bedeutet wiederum, ein Meister in dem zu werden, was man ist, was man kann und was in einem angelegt ist, aber auch im Erkennen der persönlichen Grenzen. Mit diesem Buch möchte ich meinen Beitrag dafür leisten, dass Ihnen dies gelingt. Dabei bin ich mir durchaus der Tatsache bewusst, dass ich selbst noch oft weit davon entfernt bin, wirklich integral und bewusst zu sein. Aber ich halte es für lohnenswert, das integrale Denken zu entdecken und im unternehmerischen Alltag Schritt um Schritt umzusetzen. Wenn nicht wir in den hochentwickelten reichen Ländern, wer sonst sollte die nächste Stufe der gesellschaftlichen Entwicklung weltweit anstoßen? Wir können nicht auf die anderen warten, sondern müssen es selbst tun. Dafür dürfen wir in Zukunft aber auch den dreifachen Gewinn einstreichen. Im Klaren bin ich mir auch darüber, dass dieses Buch von Ihnen, den Lesern, sehr viel abverlangt: Es beinhaltet nicht nur viele Perspektiven der persönlichen und gesellschaftlichen Entwicklung, sondern eröffnet einen neuen Prozess des Bewusstseinswandels für das Management und überträgt das integrale Denk- und Handlungsraster darüber hinaus auf Marken. Es ist Denkansatz dem sich hoffentlich viele Menschen anschließen werden. Wenn sie danach leben, wird jede einzelne Perspektive und dadurch das Gesamtsystem über die Jahre verfeinert werden. Daher freue ich mich auf Ihr kritisches Feedback und viele praktische Anregungen auf www.achimfeige.com, wo Sie auch weitere Checklisten und aktuelle Updates zum Thema GOOD Business und GOOD Brands erhalten. Sie sind herzlich willkommen.

Achim Feige, August 2010
Inspiring the winners of tomorrow today.

Literaturverzeichnis

Empfohlene und verwendete Literatur

Aburdene, Patricia: *Megatrends 2010: The Rise of Conscious Capitalism*, Hampton Roads Pub Co Inc, Auflage: New edition Newburyport 2007.

Arnsperger, Christian: *Full-Spectrum Economics: Toward an Inclusive and Emancipatory Social Science* (Routledge Frontiers of Political Economy) Routledge Chapman & Hall, Abingdon, Oxon 2010.

Beck, Don Edward/Cowan, Christopher C.: Spiral *Dynamics – Leadership, Werte und Wandel: Eine Landkarte für das Business, Politik und Gesellschaft im 21. Jahrhundert*, Kamphausen, Bielefeld 2007.

Beck, Ulrich: *Weltrisikogesellschaft: Auf der Suche nach der verlorenen Sicherheit*, Suhrkamp Verlag, Frankfurt/Main 2008.

Botsman, Rachel/Rogers, Roo: What's Mine Is Yours: The Rise of Collaborative Consumption, HarperBusiness, New York 2010.

Brockman, John: *This Will Change Everything: Ideas That Will Shape the Future*, Harper Perennial, New York 2009.

Brown, Tim: *Change by Design: How Design Thinking Transforms Organizations and Inspires Innovation*, HarperBusiness, New York 2009.

Chopra, Deepak: *The Ultimate Happiness Prescription: 7 Keys to Joy and Enlightenment*, Harmony, New York 2009.

Combs, Allan: *Consciousness Explained Better: Towards an Integral Understanding of the Multifaceted Nature of Consciousness*, Paragon House Publ, Minnesota 2010.

Conley, Chip: *Peak: How Great Companies Get Their Mojo from Maslow* (J-B US Non-Franchise Leadership), John Wiley & Sons, San Francisco 2007.

Cook-Greuter/Susanne R.: *Transcendence and Mature Thought in Adulthood: The Further Reaches of Adult Development*, Rowman & Littlefield, Lanham 1994.

Cowen, Tyler: *Create Your Own Economy: The Path to Prosperity in a Disordered World*, Dutton Adult, New York 2009.

Epstein, Marc J.: *Making Sustainability Work: Best Practices in Managing and Measuring Corporate Social, Environmental and Economic Impacts*, Berrett-Koehler, San Francisco 2008.

Esbjorn-Hargens/Sean, Zimmerman/Michael E./Bekoff, Marc: *Integral Ecology: Uniting Multiple Perspectives on the Natural World*, Integral Books, Kanhangad 2009.

Feige, Achim: *BrandFuture, Praktisches Markenwissen für die Marktführer von morgen*, Orell Füssli, Zürich 2007.

Fisk, Peter: *People, Planet, Profit: How to Embrace Sustainability for Innovation and Business Growth*, Kogan Page, London 2010.

Friedman, Thomas L.: *Hot, Flat and Crowded*, Penguin, London 2009.

Garz, Detlef: *Sozialpsychologische Entwicklungstheorien: Von Mead, Piaget und Kohlberg bis zur Gegenwart*, Vs Verlag, Wiesbaden 2008.

Genpo Roshi/Merzel, Dennis: *Big Mind: Großer Geist – Großes Herz*, Aurum im Kamphausen Verlag, Bielefeld 2008.

Goleman, Daniel: *Ecological Intelligence: The Hidden Impacts of What We Buy*, Broadway Business, New York 2010.

Grober, Ulrich: *Die Entdeckung der Nachhaltigkeit. Kulturgeschichte eines Begriffs*, Kunstmann, München 2010.

Halimi, Serge: »Atlas der Globalisierung: Sehen und verstehen, was die Welt bewegt«, *taz*, Berlin 2009.

Hamilton, Marilyn: *Integral City: Evolutionary Intelligences for the Human Hive*, New Soc Pr, Gabriola Island 2008.

Hames, Richard David: *The Five Literacies of Global Leadership: What Authentic Leaders Know and You Need to Find Out*, Wiley & Sons, Chichester 2007.

Hart, Stuart L.: *Capitalism at the Crossroads: Next Generation Business Strategies for a Post-Crisis World*, Prentice Hall, New Jersey 2010.

Horx Matthias, *Das Buch des Wandels: Wie Menschen Zukunft gestalten*, DVA, München 2009.

Ind, Nicholas: *Beyond Branding: How the New Values of Transparency and Integrity Are Changing the World of Brands*, Kogan Page Ltd, London 2003.

Jarvis, Jeff: *Was würde Google tun? Wie man von den Erfolgsstrategien des Internet-Giganten profitiert*, Heyne Verlag, München 2009.

Koch, Klaus-Dieter: *Was Marken unwiderstehlich macht: 101 Wege zur Begehrlichkeit*, Orell Füssli Verlag, Zürich 2009.

Kofman, Fred: *Conscious Business: How to Build Value Through Values*, Sounds True Inc, Boulder 2006.

Lyubomirsky, Sonja: *Glücklich sein: Warum Sie es in der Hand haben, zufrieden zu leben*, Campus Verlag, Frankfurt/Main 2008.

Marquis, Andre: *The Integral Intake: A Guide to Comprehensive Idiographic Assessment in Integral Psychotherapy*, Routledge Chapman & Hall, New York 2007.

McIntosh, Steve: *Integral Consciousness and the Future of Evolution: How the Integral Worldview Is Transforming Politics, Culture, and Spirituality*, Paragon House Publ, Minnesota 2007.

McNab, Peter: *Towards an Integral Vision: Using Nlp & Ken Wilber's Aqal Model to Enhance Communication*, Trafford, Victoria 2001.

Mooney, Kelly/Rollins, Nita: *The Open Brand: When Push Comes to Pull in a Web-Made World (Voices That Matter)*, Addison-Wesley Longman, Berkeley 2008.

Mourkogiannis, Nikos/Vogelsang, Gregor/Unger, Stefanie: *Der Auftrag: Was großartige Unternehmen antreibt*, Wiley-VCH Verlag GmbH & Co. KGaA, Weinheim 2007.

Neumeier, Marty: *The Designful Company: How to Build a Culture of Nonstop Innovation*, New Riders, Berkeley 2008.

Penenberg, Adam L.: *Viral Loop: The Power of Pass-It-On,* Hodder & Stoughton, London 2010.

Pink, Daniel H.: *Drive: The Surprising Truth About What Motivates Us*, Canongate Books, Edinburgh 2010.

Ray, Paul H./Anderson, Sherry Ruth: *The Cultural Creatives: How 50 Million People Are Changing the World*, Three Rivers Press, New York 2001.

Rifkin, Jeremy: *Die empathische Zivilisation: Wege zu einem globalen Bewusstsein*, Campus Verlag, Frankfurt/Main 2010.

Riso, Don Richard/Hudson, Russ: *Die Weisheit des Enneagramms. Entdecken Sie Ihren inneren Reichtum*, Goldmann Verlag, München 2000.

Sachs, Jeffrey D.: Common Wealth: *Economics for a Crowded Planet*, Penguin (Non-Classics), London 2009.

Schulze, Gerhard: *Die Sünde: Das schöne Leben und seine Feinde*, Fischer (Tb.), Frankfurt/Main 2008.

Senge, Peter: *The Necessary Revolution*: Working Together to Create a Sustainable World Nicholas Brealey Publishing, New York 2010.

Shirky Clay: *Cognitive Surplus: Creativity and Generosity in a Connected Age.* Penguin Press HC, London 2010.

Sisodia, Rajendra/Wolfe, David B./Sheth, Jagdish N.: *Firms of Endearment: How World-Class Companies Profit from Passion and Purpose*, Wharton School Publishing, New Jersey 2006.

Sloterdijk, Peter: *Im Weltinnenraum des Kapitals: Für eine philosophische Theorie der Globalisierung*, Suhrkamp Verlag, Frankfurt/Main 2006.

Sloterdijk, Peter: *Du mußt dein Leben ändern: Über Anthropotechnik*, Suhrkamp Verlag, Frankfurt/Main 2010.

Smothermon, Ron: *Drehbuch für Meisterschaft im Leben*, J. Kamphausen Verlag, Bielefeld 1996.

Spence jr., Roy M., Rushing, Haley: *It's Not What You Sell, It's What You Stand For: Why Every Extraordinary Business Is Driven by Purpose*, Portfolio Hardcover, New York 2009.

Wilber, Ken: *Eine kurze Geschichte des Kosmos*, Fischer, Frankfurt/Main 2004.

Wilber, Ken: *Integrale Psychologie: Geist, Bewußtsein, Psychologie, Therapie*, Arbor-Verlag, Freiburg 2001.

Wilber, Ken: *Integrale Vision: Eine kurze Geschichte der integralen Spiritualität*, Kösel-Verlag, München 2009.

Wilber, Ken/Patten, Terry/Leonard, Adam/Morelli, Marco: *Integral Life Practice: A 21st-Century Blueprint for Physical Health, Emotional Balance, Mental Clarity, and Spiritual Awakening*, Integral Books, Boston 2008.

Yankelovich, Daniel: *Profit with Honor. The New Stage of Market Capitalism* (Future of American Democracy), Yale University Press, New Haven CT 2006.

Danksagung

Ein inspirierendes Buch basiert auf vielen Inspirationen:

Ich möchte mich bei Klaus-Dieter Koch, Jürgen Gietl und allen Kollegen bei Brand:Trust für die gemeinsame substanzielle und wert(e)volle Arbeit an Zukunftsmarken, zunehmend auch GOOD Brands, die inhaltliche Auseinandersetzung und Unterstützung bei der Entstehung dieses Buches bedanken. Bei Antonios Paxinos für seine wertvollen GOOD Brand-Beispiele und Andrea Baust für das Kümmern im Detail während solch eines wichtigen Prozesses.

Herzlicher Dank an meine Kunden, die mir ein Stück ihrer Zukunft anvertrauen und die meine Ideen dem Praxistest unterziehen, denen ich wertvolle Inputs verdanke und deren Markengeheimnisse ich nicht gelüftet habe.

Vielen Dank an Doris Gottstein für die journalistische Recherche und Unterstützung bei der Manuskripterstellung und an das Ideenhaus, insbesondere Marion Endres, Julian Schäfer und Kathrin Prislin, für die Umsetzung der Grafiken.

Und an meine Frau Silke mit unseren Kindern Hannah und Emma, ohne die alles nichts ist.